Professor Dr. Kurt Zischg

Investitionen planen und bewerten

Bibliographische Information Der Deutschen Bibliothek
Die Deutsche Bibliothek verzeichnet diese Publikation in der Deutschen Nationalbibliographie; detaillierte bibliographische Daten sind im Internet über http://dnb.ddb.de abrufbar.

ISBN 3-448-06343-6 Bestell-Nr. 01433-0001

Niederlassung München
Redaktionsanschrift: Postfach, 82142 Planegg
Hausanschrift: Fraunhoferstraße 5, 82152 Planegg
Telefon: (089) 895 17-0,
Telefax: (089) 895 17-290
www.haufe.de
online@haufe.de
Redaktion: Dipl.-Kffr. Kathrin Menzel-Salpietro

Lektorat: Martina Boden, 29308 Winsen
Desktop-Publishing: Text+Design Jutta Cram, 86391 Stadtbergen
Umschlag: 102prozent design, Simone Kienle, 70199 Stuttgart
Druck: Bosch-Druck GmbH, 84030 Ergolding

Zur Herstellung dieses Buches wurde alterungsbeständiges Papier verwendet.

Investitionen planen und bewerten

von

Professor Dr. Kurt Zischg

Haufe Mediengruppe
Freiburg · Berlin · München · Zürich

Inhaltsverzeichnis

Man kann einem Menschen nichts lehren,
man kann ihm nur helfen,
es in sich selbst zu entdecken. (Galileo Galilei)

Vorwort

Angesichts der in den letzten Jahren zunehmend unsicherer gewordenen und dynamischen gesamtwirtschaftlichen Entwicklung gewinnt die Investitions- und Wirtschaftlichkeitsrechnung vermehrt an Bedeutung. Investitionsentscheidungen, die zu den fundamentalen Entscheidungen des Unternehmens zählen, können zuweilen kaum mehr rückgängig gemacht werden. Fehlinvestitionen schaden aber nicht nur dem einzelnen Unternehmen, sondern der ganzen Volkswirtschaft.

An theoretischen Veröffentlichungen fehlt es nicht. Was Praktiker jedoch brauchen, sind Handlungsempfehlungen bzw. Anleitungen, wie die Zahlenaufbereitung, Beurteilung, Analyse und Entscheidung von Investitionsvorhaben im beruflichen Alltag gestaltet werden soll, um zu professionellen Aussagen und Erkenntnissen zu gelangen.

Das vorliegende Investitions-Handbuch bietet das „Handwerkszeug", um künftige betriebliche Investitionsentscheidungen konzeptionell so aufzubereiten und zu analysieren, dass eine professionelle Investitionsentscheidung getroffen werden kann. Dies gelingt durch eine computergestützte Standardisierung der Vorgehensweise sowie die rechnerische Auswertung des Zahlenmaterials (dynamische Verfahren). Die Standardisierung erleichtert die für die praktische Arbeit notwendigen investitionsrechnerischen Anwendungen.

Die einzelnen Kapitel sind so gestaltet, dass das Thema übersichtlich bleibt und der Leser sich komfortabel in die Materie einlesen kann. Zur praktischen Handhabung der Investitionsrechnung wurde ein – über einen längeren Zeitraum in der Praxis erprobtes – Formular-Set entwickelt und in Form einer Anwendersoftware (in MS-Excel) aufbereitet. Darüber hinaus bietet die auszugsweise Darstellung einer Investitionsentscheidung aus der Praxis (Fallstudie) die Möglichkeit, das Gesamtkonzept nachzuvollziehen. In Ergänzung dazu ist dem Bereich der dynamischen Stückkostenrechnung ein eigenes Kapitel gewidmet.

Zum Verständnis dieses Buches und zur praktischen Anwendung der beiliegenden Rechenverfahren sind finanzmathematische und/oder investitions-theoretische Grundkenntnisse zwar hilfreich, jedoch nicht unbedingt erforderlich. Im Rahmen der Fallstudie wird der Leser Schritt für Schritt mit der praktischen Nutzung des Systems vertraut gemacht.

Aus Gründen der besseren Lesbarkeit ist die verwendete Literatur nicht direkt zitiert, sondern im Quellenverzeichnis aufgeführt. Einfachheit und bessere Lesbarkeit sind auch die Gründe dafür, dass grundsätzlich nur eine Geschlechtsform verwendet wird. Dennoch sind stets beide Geschlechter gleichermaßen angesprochen.

Das vorliegende Handbuch bietet einen profunden Einblick in die Thematik der Investitions- und Wirtschaftlichkeitsrechnung und soll einen nützlichen Beitrag zur wirtschaftlichen Unternehmensführung leisten. Es richtet sich in erster Linie an Anwender aus der Praxis zur Bewältigung investitionsrechnerischer Problemlösungen im beruflichen Alltag. Aber auch andere Interessenten können davon profitieren, insbesondere Studenten, die sich in die Grundlagen der dynamischen Investitionsrechnungsverfahren und deren Anwendung in der Praxis einarbeiten wollen.

An dieser Stelle möchte ich Herrn Mag. Marc Franceschini für die Aufbereitung der Grundlagen der Investitionsrechnung sowie der Gestaltung und redaktionellen Überarbeitung des Manuskriptes danken.

Konstruktive Anregungen, die der weiteren Verbesserung des Werkes dienen, nehme ich dankbar entgegen. Diese werden bei evtl. späteren Neuauflagen berücksichtigt.

Prof. Dr. rer. soc. oec. Kurt Zischg Fußach, im September 2004

A Investitionen managen

Auf einen Blick:

⇒ Ganzheitliche Unternehmensführung – das ganze Unternehmen im Blick.

⇒ Eine wichtige Voraussetzung: Ziele bilden!

⇒ Modernes Projektmanagement hilft bei der Umsetzung von bedeutsamen Investitionsvorhaben.

1 Investitionsentscheidungen sind Managemententscheidungen

1.1 Das Verständnis einer ganzheitlichen Unternehmensführung

Um im marktwirtschaftlichen Wettbewerb bestehen zu können, investieren Unternehmen in die Zukunft. Investieren bedeutet dabei, Potenziale aufzubauen und zu entwickeln, die die Erreichung der unternehmerischen Ziele unterstützen sollen.

Der integrative Prozess der Investitionsplanung als Teil der Gesamtplanung folgt den Prinzipien klassischer Leitungsaufgaben. Diese bestehen aus den Schritten Planung, Zielsetzung, Realisierung und Steuerung. Dadurch soll ein Lernfeld zur kontinuierlichen Verbesserung der Planungsschritte als Basis für die weitere Entwicklung des (gesamten) Planungssystems geschaffen werden.

Im Wettbewerb zu bestehen bedeutet heute aber auch, das „Ganze" im Blick zu haben. Eine ganzheitliche Unternehmensführung, wie sie von der modernen Betriebswirtschaft propagiert wird, erfordert, alle relevanten Einflussgrößen in die Überlegungen und unternehmerischen Entscheidungen einzubeziehen. Neben der rein betriebswirtschaftlichen, am Gewinn orientierten Entscheidung spielen Mitarbeiter, Kunden, Arbeitsprozesse, Geschäftspartner und die Unternehmensführer selbst eine wichtige Rolle, wenn es um den langfristigen Erfolg des Unternehmens geht. Auch die Investitionsplanung kann nicht isoliert betrachtet werden, sondern steht im Bezugsrahmen des Unternehmens. Die Aspekte des normativen, strategischen und operativen Managements (auch als „vertikale Integration" bezeichnet) kommen ebenso zum Tragen wie der Werterahmen – also die Unternehmensphilosophie und die Unternehmenskultur. Die gemeinsamen Werte haben Auswirkungen auf Investitionsentscheidungen und umgekehrt. Das Werte- und Normensystem bildet dabei eine übergeordnete Metaebene.

Angesichts so vieler Einflussfaktoren ist ganzheitliche Unternehmensleitung eine höchst komplexe Aufgabe. Daher ist es in der Praxis erforderlich, entsprechende Strukturen zu schaffen (Entscheidungsstrukturen, Informationsstrukturen, Organisationsstrukturen etc.), um Investitionsvorhaben professionell begegnen zu können. Die Schaffung von Strukturen wirkt komplexitätsreduzierend und fördert die Handlungsfähigkeit der Betroffenen, die Investitionsvorhaben planen, entscheiden bzw. realisieren.

In der Praxis hört man oft das Argument, nicht alles unternehmerische Handeln sei planbar, weil z. B. auch Kreativität und Improvisation eine wichtige Rolle spielen. Die Tatsache, dass zuweilen Kreativität und Improvisation erforderlich sind, kann aber kein Argument gegen eine vernünftige Planung sein. Ebenso werden wiederholt Prognose und Planung verwechselt. Die **Prognose** ist eine Vorhersage, während die **Planung** eine betriebliche Entscheidung mit Zielerreichungscharakter darstellt.

Im Falle von Investitionsvorhaben können i. d. R. die finanziellen Auswirkungen abgebildet und ebenso Risiken und Chancen der geplanten Entscheidungen aufgezeigt werden. Zielorientiertes Arbeiten ist also nötig, um die Unternehmensziele im vorgesehenen (geplanten) Zeit-, Kosten- und Finanzrahmen zu erreichen.

Folgende Grafik zeigt die Elemente einer ganzheitlichen Unternehmensführung und ihre Vernetzung:

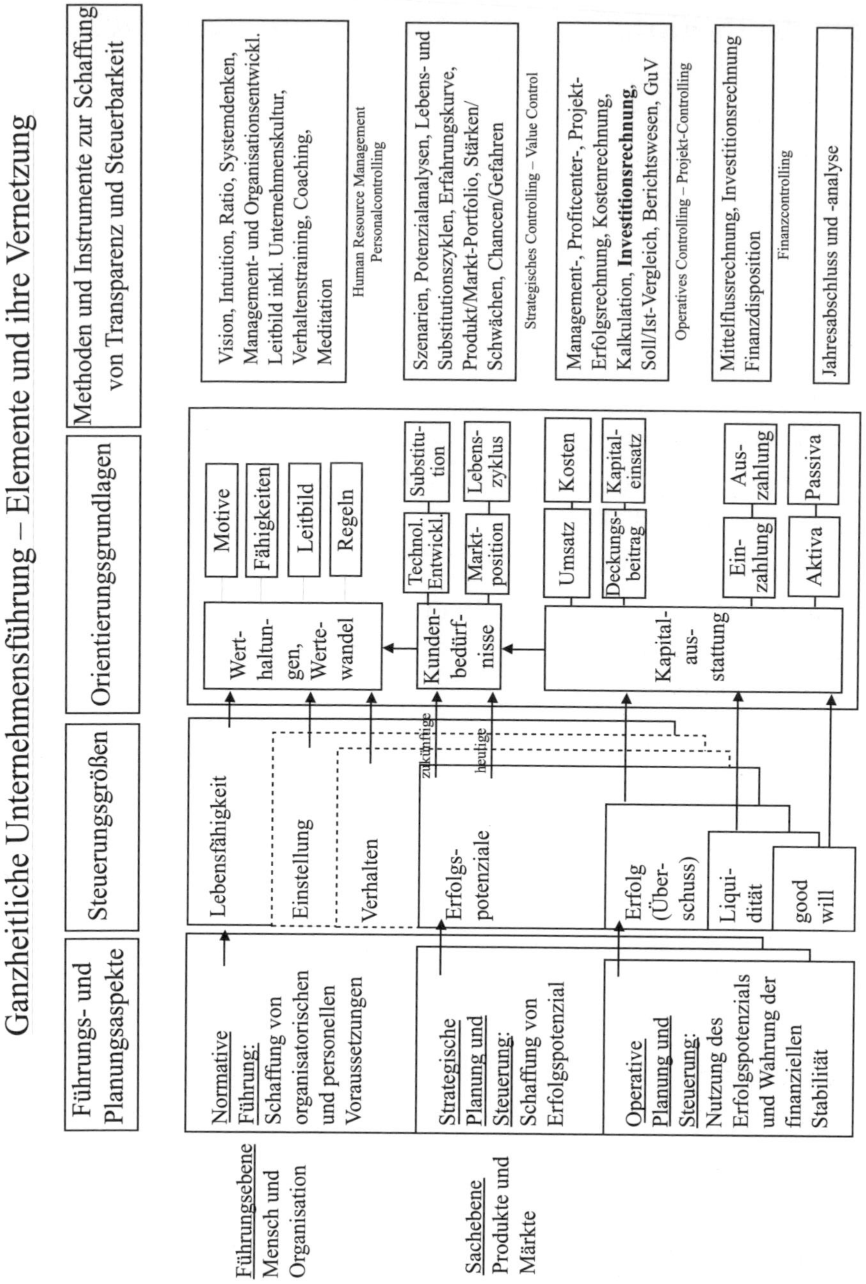

Abb. 1: Ganzheitliche Unternehmensführung

1.2 Zielbildung – Eine Managementaufgabe!

Eine **Kernaufgabe des Managements** besteht darin, Ziele für das Unternehmen zu definieren. Ziele legen somit die Entwicklungsrichtung eines Unternehmens fest, sie sind also Aussagen mit normativem Charakter und stellen gedankliche zukünftige Gegebenheiten (Zustände etc.) der Realität dar.

Ziele wirken auf verschiedene Weise. Sie haben z. B. Einfluss auf Entscheidungen und umgekehrt, aber auch auf das individuelle Verhalten.

Sämtliche Handlungen sollten idealtypisch an den Zielen ausgerichtet sein. Zur näheren Bestimmung dieser Ziele dient die Zielplanung. Sie versteht sich bewusst als ausgestalteter Prozess, in dessen Verlauf die für ein Unternehmen oder für dessen Teilbereiche verbindlichen Normen festgelegt werden.

Ziele sollten einer Reihe von **Anforderungen** genügen:

- **Realistik:** Ziele sollen im Rahmen der verfügbaren Ressourcen und der gegebenen Rahmenbedingungen realistisch sein, d. h. verwirklicht werden können;
- **Operationalität:** Ziele sollen nach Zielinhalt und Zielausmaß, Zeitbezug und Zuständigkeit möglichst exakt definiert werden. Dies dient u. a. der Kontrolle bzw. Messbarkeit der Umsetzung;
- **Konsistenz/Präferenz:** Ziele sollen möglichst widerspruchsfrei und aufeinander abgestimmt, also konsistent sein. Das schließt nicht aus, dass es teilweise auch Zielkonflikte geben kann; Ziele sollten hinsichtlich ihrer Bedeutung gewichtet werden;
- **Aktualität:** Das Zielsystem sollte aktuell sein, also keine überholten Ziele enthalten;
- **Vollständigkeit:** Das Zielsystem sollte alle relevanten Ziele einbeziehen;

- **Durchsetzbarkeit/Akzeptanz:** Ziele sollten so beschaffen sein, dass sie von den für die Zielerreichung zuständigen Personen auch akzeptiert werden können. Dies gewährleistet die Durchsetzbarkeit;
- **Transparenz und Überprüfbarkeit:** Das Zielsystem sollte übersichtlich, verständlich und überprüfbar sein. Ziele müssen für alle Betroffenen sichtbar, d. h. allen bekannt sein.

Bei der Umsetzung betrieblicher Zielbildung in der Praxis sollte man eine Reihe wissenschaftlicher Erkenntnisse über menschliches Verhalten kennen und möglichst berücksichtigen, weil auch eine Investitionsplanung Zielbildungscharakter hat und durch die Berücksichtigung von Verhaltensaspekten die Zielerreichung gewährleistet werden soll.

- **Identifikation mit der Zielerarbeitung:**
  Das Führen mit Zielen (Management by Objectives – MBO) ist hilfreich, doch Ziele garantieren nicht automatisch eine hohe Effektivität. Wichtig ist die subjektive (Ver-)Bindung der handelnden Personen zu den Zielen. Dazu gehören z. B. der Bezug zur eigenen Planung und die Art der Formulierung, die eigene Sprache. Ziele sollten so formuliert sein, wie der jeweilige Mitarbeiter denkt und spricht. Je spezifischer Ziele ausgearbeitet werden, desto mehr zieht das Ziel das Tun nach sich. Je spezifischer, desto wirksamer.
- **Transparenz:**
  Normenvorstellungen, Werte, Ideale, Präferenzen sollen bekannt gegeben werden. Dadurch werden sie allen Beteiligten zugänglich und für jeden Einzelnen diskutierbar. Mehr Kommunikation und Transparenz bedeutet zugleich weniger Konflikte. Wenn jemand das Ziel kennt, verbessern sich seine Leistungen.
- **Bewusste Kommunikation:**
  Die Bewusstmachung der Prämissen (Annahmen) eines Investitionsvorhabens fördert die positive Zusammenarbeit.

- **Integration/aktive (Mit-)Beteiligung:**
Die Ziele und Aktionen des Individuums stehen im Kontext des Gesamtgeschehens. Wer die betroffenen Menschen im Rahmen eines Investitionsprojektes nicht involviert, verzichtet auf eine wirksame Umsetzung und Zielerreichung.

1.3 Investitionsvorhaben sind Projekte

In der Praxis hat sich gezeigt, dass Investitionsvorhaben vor allem dann erfolgreich realisiert werden können, wenn sie wie Projekte behandelt werden.

Strategisch wichtige Investitionsvorhaben weisen alle Merkmale von Projekten im klassischen Sinne des Projektmanagements auf und sollten daher auch wie Projekte organisiert werden. Solcherart Investitionsvorhaben

- sind komplex, meist neuartig, riskant und für die Unternehmung bedeutend,
- sind zieldeterminierte Aufgaben (Leistungsumfang, Termine, Kosten, Inhalte ...),
- bedingen eine spezifische Organisation (fachbereichs- bzw. abteilungsübergreifend),
- erfordern den Einsatz eines speziellen Managements und den Einsatz spezifischer Instrumente (Planung, Controlling, Information, Dokumentation) und
- können als soziale Systeme wahrgenommen werden (Abgrenzung zur Umwelt, Werte, Regeln, Rollen, Kommunikationsformen ...).

Solcherart Investitionsvorhaben sind einmalige Projekte, in ihrer Dauer zeitlich befristet und nicht in der traditionellen Hierarchie verankert.

Zentrale Projektmanagement-Aufgaben sind die Planung und Steuerung von Terminen, Kosten und anderen Ressourcen, Personalmanagement, Projektkommunikation etc. Der Nutzen des Projektmanagements zeigt sich in der Praxis immer wieder:

- Hohe Qualität der Problemlösung/Leistung durch ganzheitliche Sichtweise,
- Sicherung der Akzeptanz durch Teamarbeit und gezieltes Marketing,
- kurze Projektdurchlaufzeiten und hohe Plantreue (Termine, Kosten ...),
- Kostenoptimierung,
- Transparenz durch die Projektdokumentation,
- Sicherung von individuellem und institutionellem Lernen durch Reflexion im Projektteam,
- Sicherung von Potenzialen für die Nachprojektphase.

All das sind wichtige Aspekte zur erfolgreichen Umsetzung eines Investitionsprojektes.

So läuft ein Projekt ab

Ein Projekt durchläuft im Zeitablauf mehrere Phasen, die in der grafischen Übersicht dargestellt sind:

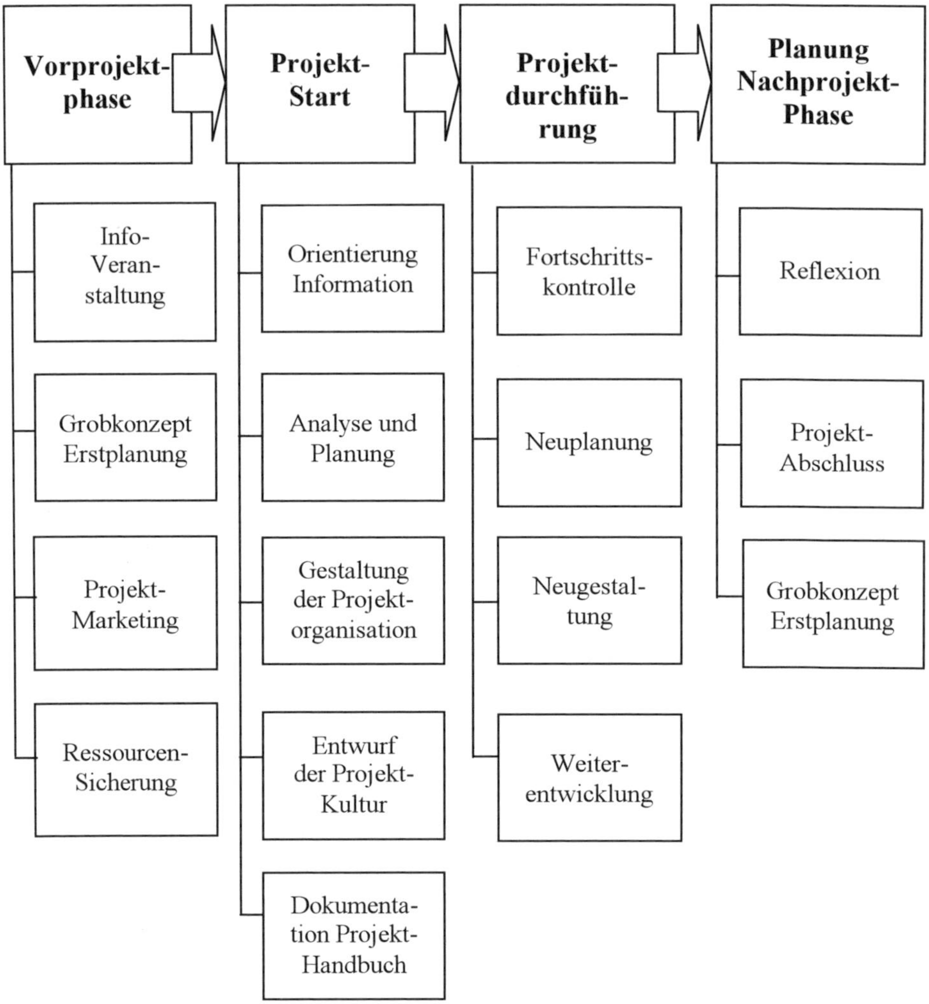

Abb. 2: Projektmanagementphasen

Projektabgrenzung

Die konsequente Zielorientierung erfordert eine fortlaufende Fortschrittsmessung bzw. Zielerreichungsmessung und die Beurteilung (besser: Rückmeldung/Feedback) von Erfolgen oder Misserfolgen. Das setzt eine klare Abgrenzung des Projektes – als Handlungsrahmen – voraus. Andererseits kann die Grenzziehung bzw. Autonomie des Projekts nur relativ sein, da die Handlungen im Unternehmenskontext stehen: Unternehmensstrategien, Handlungen und Entscheidungen in der Vorprojektphase (in welcher i. d. R. die Ideen für künftige Investitionen entstehen), Erwartungen über Konsequenzen in der Nachprojektphase und meist auch Beziehungen zu relevanten internen und externen Umwelten und anderen Projekten.

Die Projektabgrenzung erfolgt in sachlicher, zeitlicher und sozialer Hinsicht.

- Inhalt der **sachlichen** Projektabgrenzung: Projektziele, Leistungsumfang, Kosten, Risiko, Besonderheiten ...
- Inhalt der **zeitlichen** Projektabgrenzung: Anfangs-, Endereignis, Vor- bzw. Nachprojektphase ...
- Inhalt der **sozialen** Projektabgrenzung: Projektwerte, Projektkommunikation, Projektmitarbeiter, Projektleiter ...

Eine Besonderheit stellt dabei die Umweltanalyse (Kontextanalyse) dar, die hier als eigenes Projektmanagement-Instrument gesehen wird.

Welchen Nutzen bringt die Projektabgrenzung?

- Sie führt zur Klärung der Beziehung zwischen Auftraggeber und Projektauftragnehmer.
- Sie gibt dem Projektteam eine grundsätzliche Orientierung.
- Sie bringt eine Klarstellung was zum Projekt gehört und was nicht.
- Sie lässt die Grenzen zu anderen Projekten erkennen.
- Sie fokussiert die Arbeiten auf das Relevante.
- Sie ist Grundlage für die detaillierte Planung und Formulierung des Projektauftrages.

Projektkontextanalyse

Auch die Projektkontextanalyse kann in sachlicher, zeitlicher und sozialer Hinsicht erfolgen. In der Projektkontextanalyse werden grundsätzlich die Zusammenhänge zwischen

- den Unternehmensstrategien und dem Investitionsprojekt,
- Beziehungen des Investitionsprojektes zu anderen Projekten in der Unternehmung,
- relevanten Handlungen und Entscheidungen in der Vorprojektphase,
- Erwartungen über Konsequenzen des Investitionsprojekts in der Nachprojektphase und
- Beziehungen des Investitionsprojekts zu relevanten Umwelten erfasst und dokumentiert.

Sehen Sie dazu folgende grafische Darstellung:

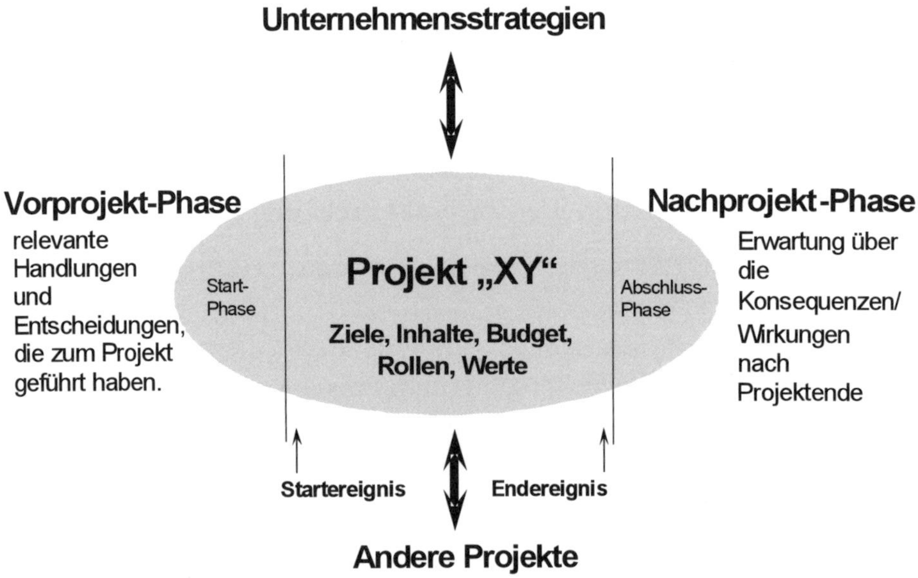

Abbildung 3: Projektgrenzen

Checkliste sachlicher Kontext von Investitionsprojekten

Zur Analyse des sachlichen Kontexts eines Investitionsprojektes sollten folgende Punkte untersucht werden:

✓	**Das Konzept in der Unternehmung:**
	Wie hoch ist die Bedeutung des Investitionsprojekts für unser Unternehmen?
	Welche Priorität hat das Investitionsprojekt für uns?
✓	**Die Konkretisierung des Investitionsprojektes:**
	Wie spiegeln sich Marktfragen des Unternehmens in der Investition?
	Was sind die Schlüssel-Erfolgskriterien für das Investitionsprojekt?
	Stehen für die Umsetzung des Investitionsvorhabens ausreichend Ressourcen zur Verfügung (Finanzen, Personal, Produktionskapazität ...)?
	Welche möglichen Risiken könnten uns an der Zielerreichung hindern?
	Wie sieht das „Worst-Case"-Szenario aus?
	Was haben wir erreicht, wenn das Investitionsvorhaben erfolgreich umgesetzt wird? Strategisch? Operativ?
	Mit welcher Kennzahl/welchen Kennzahlen wird der Gesamterfolg des Investitionsprojektes gemessen?
	Welche Unternehmensstrategien werden durch das Investitionsprojekt unterstützt bzw. umgesetzt?
	Wie beeinflusst das Projekt die (Weiter-)Entwicklung der Unternehmensstrategien?

✓	**Der Zusammenhang zu anderen Handlungen, Entscheidungen und Projekten der Unternehmung:**
	In welchem Zusammenhang steht das Investitionsprojekt zu aktuellen Handlungen und Entscheidungen der Unternehmung?
	Gibt es konkurrierende Beziehungen zu anderen, gleichzeitig geführten Projekten? Welche?

Checkliste zeitlicher Kontext von Investitionsprojekten

✓	**Die Vorprojektphase:**
	Welche Probleme hat es gegeben, die durch das Projekt gelöst werden sollen?
	Welcher konkrete Anlass hat zum Projekt geführt?
	Wer hat die Projektentstehung gefördert? Wer hat diese gehemmt?
	Welche Unterlagen und Dokumente sind schon erarbeitet worden, die verwendet werden können?
	Welche Entscheidungen sind schon getroffen worden, die zu berücksichtigen sind?
	Welche ähnlichen Projekte wurden in der Unternehmung schon durchgeführt?
✓	**Die Nachprojektphase:**
	Welche Handlungen und Entscheidungen sind nach dem Projektende notwendig?
	Welche Folgeprojekte kann/soll/muss es geben?
	Welche Folgekosten und Folgenutzen entstehen durch das Projekt?

Checkliste sozialer Kontext von Investitionsprojekten

Als sozialer Kontext eines Projektes werden die Beziehungen des Projektes zu seinen relevanten internen (Projektteam, Projektleitung ...) als auch externen (Kunden, Lieferanten, Banken ...) Umwelten verstanden. In der Projektumweltanalyse werden diese Beziehungen betrachtet. Relevant sind jene Umwelten, die den Projekterfolg maßgeblich beeinflussen bzw. gefährden können.

Diese Umweltanalyse (Kontextanalyse) kann dadurch noch verfeinert werden, indem die Kommunikationsstrukturen mit eingezeichnet werden. Gängige Symbole dafür sind:

═══	sehr gute, offene Beziehung
———	nicht belastete, gute Arbeitsbeziehung
—‖—	für alle wahrnehmbarer, offener Konflikt
–(II)–	verdeckter Konflikt
~ ~ ~	Koalition (Bündnis), z. B. zwei Mitglieder gegen einen Dritten

Auch kann durch den Abstand die **Nähe** und durch die Größe die **Bedeutung** des Umweltpartners dargestellt werden. Diese schlichte Form der Visualisierung fördert in der Praxis häufig schon im Vorfeld mögliche Hindernisse bei der späteren Umsetzung des Projektes zu Tage.

Nachstehend ein Beispiel einer Umweltanalyse:

Abb. 4: Umweltanalyse (Kontextanalyse)

Projektstrukturplan (PSP)

Projektstrukturpläne können als Objekt- (z. B. Gebäude) oder Phasenplan (Phase in zeitlicher Abfolge – 1.Ebene) erstellt werden.

Der Projektstrukturplan ist eine Gliederung des Projekts in planbare und kontrollierbare Teilaufgaben, so genannte Arbeitspakete. Im PSP werden die Arbeitspakete (2. Ebene), die an die Projektmitglieder zu verteilen sind, definiert. Er ist außerdem eine gemeinsame strukturelle Basis für die Ablauf-, Termin-, Kosten- und Ressourcenplanung und somit ein zentrales Kommunikationsinstrument im Projektmanagement. Der PSP ist ein relativ stabiles Projektmanagement-Instrument, da sich in ihm terminliche, kostenmäßige oder ressourcenmäßige Veränderungen niederschlagen.

Eine Projektstrukturplanung wird erstellt,

- um den gesamten Leistungsumfang eines Projektes bereits in der Startphase darzustellen,
- um planbare und kontrollierbare Arbeitspakete zu definieren und
- um eine gemeinsame Projektsicht zu entwickeln.

Außerdem ist er ein Beitrag zur gemeinsamen Sprachregelung. Der Projektstrukturplan hat in der allgemeinen Form folgendes Aussehen:

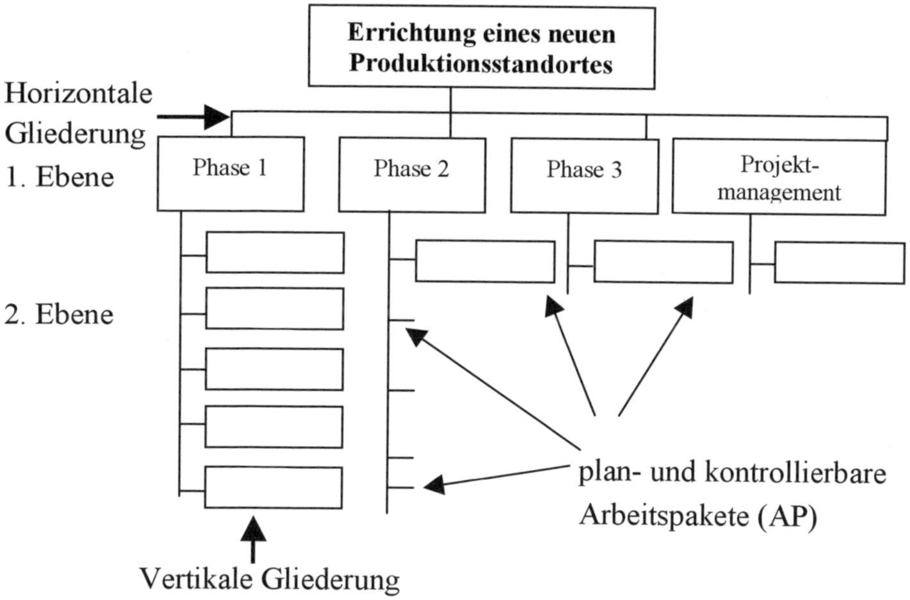

Abb.5: Projektstrukturplan (PSP)

Wie zu erkennen ist, steht die zweite Ebene des PSP aus Arbeitspaketen (AP). Die Arbeitspakete sind quantitative und qualitative Beschreibungen der im Rahmen eines Arbeitspaketes zu erfüllenden Aufgaben. Durch die Arbeitspaketspezifikationen werden die Inhalte und Ergebnisse einzelner Arbeitspakete voneinander abgegrenzt.

Auch die Methode der Leistungsfortschrittsmessung kann spezifiziert werden. AP's ersparen zudem eine weitere Detaillierung des PSP.

Die AP's dienen letztlich auch der Zielvereinbarung, die im Rahmen von Projekten besondere Bedeutung hat. Arbeitspaketspezifikationen erhöhen nicht zuletzt auch die Transparenz in der Projektarbeit.

Zeitplan

Zeitpläne sind zur terminlichen Steuerung eines Projektes unverzichtbar. Sie definieren die zeitliche Position und Abfolge der wesentlichen Vorgänge, dienen der Zielerreichung und geben den Projektmitarbeitern Handlungsorientierung.

- Für die Zeitplanung werden zunächst die jeweiligen Arbeitspakete ausgewählt. Dann werden die zu planenden (notwendigen) Vorgänge aufgelistet und den Anfangs- und Endereignissen dieser Vorgänge konkrete Termine zugeordnet.
- Der Zeitplan kann im praktischen Einsatz folgendes Aussehen haben (verkürzte Darstellung aus einem Projekt):

Nr.	Vorgänge	Dauer	Anfang	Ende	Mai					Juni				Juli				
					18	19	20	21	22	23	24	25	26	27	28	29	30	31
1	Spenglerarbeiten	34	2.5.03	6.6.03														
2	Aufzugsverglasung	9	4.5.03	13.5.03														
3	Notsiegenhausverglasung	4	7.5.03	11.5.03														
4	Glasvordach Terrasse	14	8.5.03	22.05.03														
5	Glasvordach Atrium	5	16.5.03	21.5.03														
6	Div. Oberlichte u. Fenster	4	22.5.03	26.5.03														
7	Glasfassade u. Fenster OG	9	22.5.03	31.5.04														
8	Sonnenschutz aussen	16	3.6.03	19.6.03														
9	Blendschutz	15	10.6.03	25.6.03														
10	Gipskartonwände	15	16.6.03	1.7.03														
11	Zargen	21	16.6.03	7.7.03														
12	Brandschutztüren	4	22.6.03	26.6.03														
13	Türblätter	4	10.7.03	14.7.03														
14	Verputzarbeiter	14	11.7.03	25.7.03														
15	Fliesen	3	17.7.03	20.7.03														
16	WC-Trennwände	5	22.7.03	27.7.03														

Abb. 6: Zeitplan

2 Einführung in die Investitionswirtschaft

Auf einen Blick:

⇒ Vielfalt der Investitionsbegriffe

⇒ Warum Investitionsrechnung?

⇒ Zweck und Aufgabe der betrieblichen Investitionswirtschaft

⇒ Arten von Investitionen

2.1 Was sind Investitionen?

Der Begriff bezieht sich meist auf das Anlegen von Geldmitteln in Anlagegüter. Von Finanzierung spricht man bei allen Maßnahmen, die der Bereitstellung von Kapital (Geld und geldwerte Güternutzung) dienen. Finanzierungszweck ist in der Regel eine Investition.

Es gibt keine generell gültige Definition des Investitionsbegriffs. So bestehen z. B. folgende in der Literatur bekannte Begriffsdefinitionen:

- Jede Ausgabe für Güter und Dienstleistungen ist eine Investition.
- Investition ist Bindung von Geld auf Zeit.
- Investition ist langfristige Kapitalbildung zur Erwirtschaftung autonomer Erträge.
- etc.

Der Investitionsbegriff kann vermögensorientiert (Umwandlung von Kapital in Vermögen) oder zahlungsorientiert gesehen werden.

Hier wird folgender Investitionsbegriff verwendet: Eine Investition ist eine mit einer Auszahlung beginnende Kapitalverwendung mit der Absicht, diesen Mitteleinsatz zur Erreichung unternehmerischer Zielsetzung(en) zu nutzen.

2.2 Warum braucht man eine Investitionsrechnung?

Die Investitionsrechnung ist eine betriebswirtschaftliche Notwendigkeit, denn:

- Investitionsentscheidungen sind grundsätzlich langfristiger Natur, mit zunehmender Dauer steigen auch die diversen Risiken (langfristige Kapitalbindung, Marktentwicklung ...).
- Investitionsentscheidungen können oft nicht mehr rückgängig gemacht werden; Fehlinvestitionen sind daher kaum zu korrigieren.
- Die Investitionsrechnung bringt Transparenz in die Entscheidungsfindung und hilft, Nutzen und Folgen verschiedener Handlungsalternativen zu bewerten, um so die „richtige" Investitionsentscheidung zu treffen.

Grundsätzlich soll durch die systematische Informations- und Datensammlung sowie mathematische Auswertung eine Gefährdung des gesamten Unternehmens verhindert werden.

2.3 Was soll mit der Investitionsrechnung erreicht werden?

Die Investitionsrechnung verfolgt mehrere Ziele. Die wichtigsten sind:

- Bestimmung der Vorteilhaftigkeit einer Investition (absolute und relative Vorteilhaftigkeit)
- Ermittlung der optimalen Nutzungsdauer
- Minderung der Investitionsrisiken
- Planung von Investitionen
- Koordination mit anderen Teilplänen
- Standardisierung gewünschter Informationen im Investitionsantrag (v. a. von Entscheidungskriterien)
- Finanzierung von Investitionen
- Kontrolle getätigter Investitionen.

2.4 Welche Arten von Investitionen gibt es?

Investitionen lassen sich nach mehreren Kriterien einteilen. In der Praxis ist es prinzipiell nicht möglich, eine Investition unter einem einzigen Einteilungskriterium zu fassen – in der Regel treffen mehrere Einteilungskriterien gleichzeitig zu.

Einteilungskriterium	Bezeichnung
Nach Objekten	• Finanzinvestitionen • Realinvestitionen • Immaterielle Investitionen
Nach der Zwecksetzung	• Anfangs- (Errichtungs-)investitionen • Ersatz- (Erhaltungs-)investitionen • Rationalisierungsinvestitionen • Erweiterungs- (Ergänzungs-)investitionen • Sozial- und Sicherheitsinvestitionen
Nach der Nutzungsdauer	• Kurzfristige Investitionen • Mittelfristige Investitionen • Langfristige Investitionen
Nach der Chronologie	• Gründungsinvestitionen • Laufende Investitionen

Abb. 7: Investitionsarten

B Verfahren der Investitionsrechnung

Auf einen Blick:

⇒ Statische Investitionsrechnungsverfahren – die klassischen Verfahren zur Berechnung der Vorteilhaftigkeit einer Investition

⇒ Dynamische Investitionsrechnungsverfahren – der moderne Weg zur besseren Investitionsentscheidung

⇒ Vergleich mehrerer Investitionsalternativen

⇒ Ersatzproblem: Wann ist eine Neuanschaffung wirtschaftlicher?

⇒ Sonderprobleme der Investitionsrechnung

⇒ Finanzmathematische Grundlagen

⇒ Grenzen und Anwendungsgebiete

1 Überblick über die Verfahren

Die Investitionsrechnung stellt für die Investitionsentscheidung eine wichtige Entscheidungsgrundlage dar. Man kann folgende Gruppen von Investitionsrechnungsverfahren unterscheiden:

Statische Verfahren	Dynamische Verfahren	Simultane Investitionsrechnung
• Kostenvergleichsrechnung • Gewinnvergleichsrechnung • Rentabilitätsrechnung	• Kapitalwertmethode • Annuitätenmethode • Interne Zinsfuß-Methode • Baldwin-Methode	• Produktionstheoretische Modelle • Kapitaltheoretische Modelle

Abb. 8: Methoden der Investitionsrechnung

Die statischen und dynamischen Verfahren unterscheiden sich u. a. dadurch, dass bei den dynamischen Verfahren die Zahlungen als Rechnungselement berücksichtigt werden. Außerdem erfolgt bei den dynamischen Verfahren eine zeitliche Berücksichtigung der Zahlungsströme durch Auf- bzw. Abzinsen. Die statischen Methoden arbeiten mit den Größen Erträge/Aufwendungen bzw. Kosten.

Dadurch sind die statischen Methoden einer breiten Kritik ausgesetzt. Einige Punkte im Detail:

- Die statischen Methoden verzichten auf eine finanzmathematische Basis.
- Die statischen Methoden erfassen die Zeitpräferenz nicht oder nur unvollständig, d. h. sie verzichten auf eine Einzeldiskontierung der Rechnungselemente.
- Die statischen Methoden beruhen auf unzweckmäßigen Rechnungselementen.

2 Statische Methoden

2.1 Kostenvergleichsrechnung

Die Kostenvergleichsrechnung berücksichtigt ausschließlich die pro Periode anfallenden Kosten und verzichtet auf die Zahlungen als Rechnungselement. Es werden die Kosten der Investitionsrealisierung, also Betriebskosten und Kapitalkosten, von zwei oder mehreren Investitionsmöglichkeiten miteinander verglichen. Jene Investitionsalternative mit den geringsten zurechenbaren Kosten wird als optimal angesehen.

Welche Kosten sind im Wesentlichen relevant?

Betriebskosten können grundsätzlich in fixe und variable Kosten unterteilt werden. Die häufigsten Kosten bei der Anschaffung von Maschinen und Produktionsanlagen sind

- Personalkosten (Löhne, Gehälter, Sozialleistungen)
- Materialkosten (Fertigungs-, Hilfs- und Betriebsstoffe)
- Instandhaltungskosten (Inspektion, Wartung, Instandhaltung)
- Raumkosten (Miete, Heizung, Licht)
- Energiekosten (Öl, Gas, Strom)
- Werkzeugkosten (Mess- und Maschinenwerkzeug) u. a. m.

Kapitalkosten beinhalten kalkulatorische Abschreibungen und kalkulatorische Zinsen. **Kalkulatorische Abschreibungen** sind periodisierte Wertminderungen des Investitionsobjekts während der (wirtschaftlichen) Nutzungsdauer. Dabei wird im Gegensatz zur bilanziellen Abschreibung der durchschnittliche (periodenbezogene) Wertverlust unter Berücksichtigung des geplanten Liquidationserlöses ermittelt.

Kalkulatorische Zinsen stellen Kosten dar, die dem Unternehmen daraus erwachsen, dass das Investitionsobjekt Kapital bindet.

Die Kostenvergleichsrechnung findet innerhalb der Investitionsrechnung im **Alternativenvergleich** sowie beim **Ersatzproblem** Anwendung.

Mehrere Alternativen werden verglichen

Hierbei geht es um die Auswahl zwischen verschiedenen noch anzuschaffenden Anlagen. Das Kostenkriterium, das sich sowohl auf die Gesamtkosten als auch auf die Stückkosten beziehen kann, lautet wie folgt:

> Eine Investition 1 ist vorteilhafter als eine alternative Investition 2, wenn ihre durchschnittlichen Kosten je Zeitabschnitt bzw. ihre durchschnittlichen Kosten je Leistungseinheit geringer sind.

Der Alternativenvergleich spielt eine große Rolle im Bereich langfristiger Entscheidungen bei der Wahl des optimalen Produktionsverfahrens sowie bei der Entscheidung **Eigenfertigung** oder **Fremdbezug**. Der Alternativenvergleich kann eingeteilt werden in „Kostenvergleiche pro Periode“ sowie „Kostenvergleiche pro Leistungseinheit“.

a) Kostenvergleich pro Periode

Der Kostenvergleich macht nur dann Sinn, wenn alle Investitionsalternativen dieselbe Ausbringungsmenge (Produktions-Output) und dieselbe Produktqualität hervorbringen. Es ist diejenige Investitionsalternative zu wählen, bei der durch Vergleich der Kosten pro Periode, unter Annahme kontinuierlicher Amortisation des gebundenen Kapitals, weniger Kosten entstehen.

Beispiel 1: Kostenvergleich pro Periode – bei gleicher Produktionsmenge

In einer Großbäckerei stehen zwei Produktionsmaschinen zur Auswahl, welche die gleiche Ausbringungsmenge erzeugen können:

- Eine halbautomatische Anlage mit Anschaffungskosten (AK) von 1.400.000 € und jährlichen Betriebskosten von 350.000 € sowie
- Eine vollautomatische Anlage mit AK von insgesamt 2.275.000 € und jährlichen Betriebskosten von 275.000 €.

Die Nutzungsdauer ist erfahrungsgemäß mit jeweils 7 Jahren anzunehmen, das eingesetzte Kapital soll mit 6 % p. a. verzinst werden, von einem Restwert wird abgesehen.

Lösung:

	Kosten pro Jahr	
Kostenart	halbautomatische Maschine (1)	vollautomatische Maschine (2)
Abschreibungen	200.000 €	325.000 €
Betriebskosten p. a.	350.000 €	275.000 €
kalk. Zinsen (vom halben Anschaffungswert)	42.000 €	68.250 €
Kosten pro Jahr	592.000 €	668.250 €

Die halbautomatische Maschine (1) weist mit 592.000 € pro Jahr geringere Kosten auf als die vollautomatische Maschine (2) mit 668.250 € und ist somit wirtschaftlicher.

b) Kostenvergleich pro Leistungseinheit

Wenn die Ausbringungsmenge der Investitionsalternativen ungleich ist, führt der Kostenvergleich pro Periode zu keinem brauchbaren Ergebnis, da die Vergleichbarkeit nicht gegeben ist. In diesem Fall ist der Kostenvergleich pro Leistungseinheit vorzuziehen.

Beispiel 2: Kostenvergleich pro Leistungseinheit – bei ungleicher Produktionsmenge

Es ist diejenige Investitionsalternative zu wählen, bei der durch Vergleich der durchschnittlichen Kosten pro Leistungseinheit bei unterschiedlicher Auslastung unter Annahme kontinuierlicher Amortisation des gebundenen Kapitals geringere Kosten entstehen:

Eine Spielzeugfabrik investiert in eine neue Produktionsanlage. Zwei verschiedene Spielzeugmaschinenaggregate stehen alternativ zur Auswahl:

- Eine halbautomatische Anlage (1), mit AK von 750.000 € und bei einer Produktionsmenge von 25.000 Stück mit jährlichen Betriebskosten von 30.000 €, sowie
- eine Anlage (2), mit AK von 1.200.000 € und bei einer Produktionsmenge von 40.000 Stück mit jährlichen Betriebskosten von 40.000 €.

Die Nutzungsdauer ist mit 10 Jahren anzunehmen, das eingesetzte Kapital soll mit 5 % p. a. verzinst werden.

Lösung:

	Kosten pro Jahr	
Kostenart	Spielzeug-maschine (1)	Spielzeug-maschine (2)
Abschreibung	75.000 €	120.000 €
kalk. Zinsen (vom halben Anschaffungswert)	18.750 €	30.000 €
= Fixe Kosten p. a.	**93.750 €**	**150.000 €**
Fixe Kosten pro LE	3,75 €	3,75 €
Betriebskosten pro LE	1,20 €	1,00 €
Kosten pro LE	**4,95 €**	**4,75 €**

Ergebnis:

Die Spielzeugmaschine (2) ist mit Kosten von 4,75 € pro Spielzeug günstiger als Maschine (1) mit Stückkosten von 4,95 €.

Spezialfall: Berechnung der kritischen Menge

In der Praxis ist es oft nicht möglich, die Ausbringungsmenge im Vorhinein exakt festzulegen (z. B. wie viel Stück p. a. produziert werden, wie viele Kilometer ein LKW im Jahr fahren wird etc.). Dadurch wird der Vergleich von Investitionsalternativen erschwert.

Oft zeigt sich in der Praxis, dass das teurere Investitionsobjekt zwar höhere Fixkosten, aber dafür niedrigere variable Kosten hat, während das günstigere Investitionsobjekt umgekehrt niedrigere Fixkosten und dafür höhere variable Kosten hat. Es stellt sich nun die Frage, welches Investitionsobjekt ab welcher Auslastung insgesamt kostengünstiger ist. Diese Auslastung wird als „kritische Menge“ bezeichnet.

Berechnen lässt sich die kritische Menge anhand folgender Formel:

$$\text{Kritische Menge} = \frac{\text{Fixkosten 1} - \text{Fixkosten 2}}{\text{var. Kosten 2} - \text{var. Kosten 1}}$$

Um die Investitionsentscheidung treffen zu können, muss man nun noch die geplante Ausbringungsmenge schätzen.

Beispiel 3: Kostenvergleich bei unbekannter Auslastung

Unter der Annahme kontinuierlicher Amortisation ist jene Ausbringungsmenge zu ermitteln, bei der die Kosten beider Alternativen gleich hoch sind.

Zur Auswahl stehen wiederum:

- Eine Maschine (1), mit AK von 1.500.000 € und jährlichen Betriebskosten von 350.000 €, sowie
- Eine Maschine (2), mit AK von 2.250.000 € und jährlichen Betriebskosten von 275.000 €.

Die Nutzungsdauer ist mit 10 Jahren anzunehmen, das eingesetzte Kapital soll mit 6 % p. a. verzinst werden. Die Vollauslastung beider Alternativen liegt bei 2.500 Maschinenstunden, es ist jedoch unsicher, ob diese auch erreicht werden kann.

Lösung:

Unter der Annahme, dass Abschreibungen und Zinsen fix und die Betriebskosten variabel sind, werden die Kosten in fixe und variable Kosten aufgeteilt:

Variable Kosten pro Maschinenstunde:

- Maschine (1): 350.000 €/2.500 = 140,-/Stunde
- Maschine (2): 275.000 €/2.500 = 110,-/Stunde

Fixe Kosten pro Periode:

- Maschine (1):

Abschreibung: 1.500.000 €/10 =	150.000 €
Zinsen: (1.500.000 €/2) * 0,06 =	45.000 €
Summe Abschreibung + Zinsen:	195.000 €

- Maschine (2):

Abschreibung: 2.250.000 €/10 =	225.000 €
Zinsen: (2.250.000/2) * 0,06 =	67.500 €
Summe Abschreibung + Zinsen:	292.500 €

Die kritische Menge berechnet sich aus den Differenzen der fixen und variablen Kosten:

$$\text{Kritische Menge} = \frac{195.000 - 292.500}{110 - 140} = \textbf{3.250 Stunden}$$

Bei einer Auslastung über 3.250 Stunden ist die Maschine (2) zu wählen, liegt die Auslastung darunter, ist die Maschine (1) die günstigere Alternative.

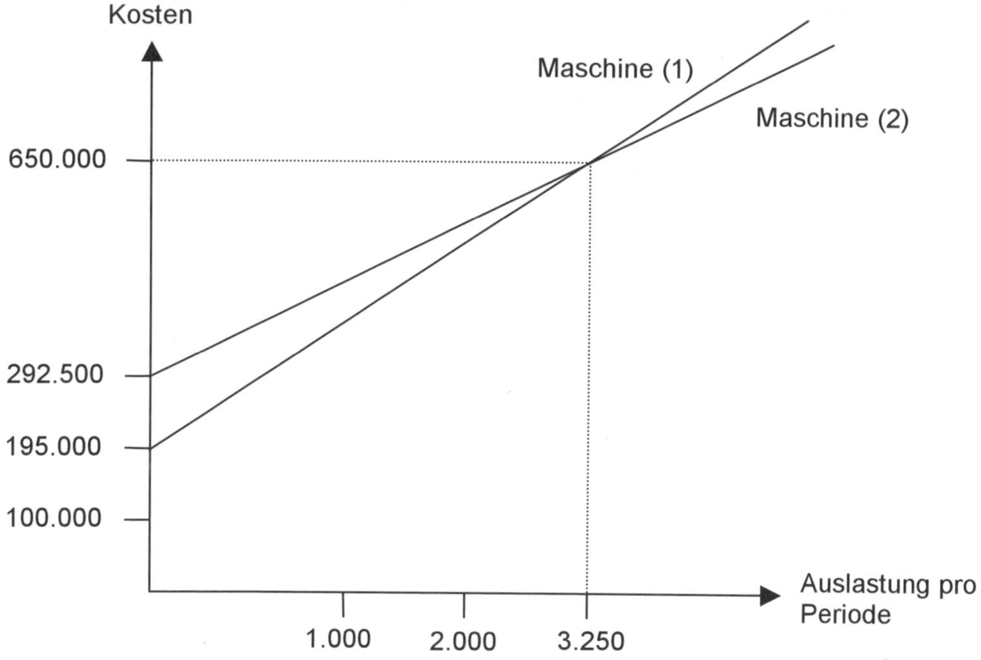

Abb. 9: Kritische Menge im Kostenvergleich bei unbekannter Auslastung

Wann ist eine Ersatzbeschaffung lohnend?

Das Ersatzproblem beschäftigt sich damit, ob eine bestehende Anlage durch eine neue ersetzt werden soll oder ob es im Gegensatz dazu günstiger ist, die eingesetzte Anlage erst zu einem späteren Zeitpunkt auszuwechseln.

Der Kostenvergleich bezieht sich immer auf einen bestimmten Zeitraum und kann, wie auch beim Alternativenvergleich, nur unter bestimmten Voraussetzungen durchgeführt werden: Als Prämisse wird die Möglichkeit unterstellt, genau die gleiche neue Anlage sowohl am Anfang als auch am Ende des Vergleichszeitraums zu beschaffen. Kostenunterschiede ergeben sich daher nur während der Vergleichsperiode.

Es ergeben sich folgende Kostenbestandteile, die in den Vergleich einzubeziehen sind:

- Betriebskosten (BK)
- Anschaffungskosten (AK)
- Nutzungsdauer (n)
- Zinssatz (i)
- approximativer Kapitaldienst (approx. KD): Summe aus **Abschreibungen** sowie **kalkulatorischen Zinsen**. Der approximative Kapitaldienst für eine neue Anlage errechnet sich damit:

$$\text{approx. } KD_{neu} = \frac{AK_{neu}}{n_{neu}} + \frac{AK_{neu}}{2} * i$$

- Alternativ: genauer Kapitaldienst (KD): Produkt aus Anschaffungskosten (AK) und **Kapitalwiedergewinnungsfaktor (KWF)**. Der rechnerisch genaue Kapitaldienst kann an dieser Stelle anstatt des approximativen Kapitaldienstes verwendet werden:

$$KD = AK * \frac{i\,(1+i)^n}{(1+i)^n - 1}$$

Die Entscheidungsregel lautet dann: Die neue Anlage sollte dann angeschafft werden, wenn die Summe ihrer Betriebs- und Kapitalkosten kleiner ist als die Betriebskosten der zu ersetzenden Anlage:

$$BK_{neu} + \text{approx. } KD_{neu} < BK_{alt}$$

Beispiel 4: Weiterbetrieb oder Sofortersatz der bestehenden Anlage?

Eine noch funktionstüchtige Anlage könnte (bei gleicher Kapazität) durch eine neue Anlage ersetzt werden. Ist ein Ersatz kostengünstiger als der Weiterbetrieb der bestehenden Anlage?

Lösung:

Anlagen	bestehende Anlage	neue Anlage
Anschaffungskosten		350.000 €
Nutzungsdauer in Jahren		5
Abschreibungen		70.000 €
Kalk. Zinsen (7 % p. a. der halben Anschaffungskosten)		12.250 €
jährliche Betriebskosten	375.000 €	225.000 €
Summe Gesamtkosten p. a.	**375.000 €**	**307.250 €**
Kostendifferenz zwischen alter und neuer Anlage		**67.750 €**

In diesem Fall wäre der Sofortersatz der bestehenden Anlage vorteilhaft! Es lassen sich dabei die bisherigen Betriebskosten von 375.000 € einsparen, wodurch bei Kosten von 307.250 € für die neue Anlage eine positive Differenz zu Gunsten der neuen Anlage von 67.750 € p. a. bleibt.

Grenzen der Kostenvergleichsrechnung

Die Kostenvergleichsrechnung berücksichtigt nicht die Ertragsseite (dies bleibt anderen Methoden vorbehalten). Völlig identische Erträge sind bei zwei zu vergleichenden Investitionsalternativen in der Praxis aber eher die Ausnahme. So genannte Erweiterungsinvestitionen, bei denen beispielsweise im Rahmen eines Ersatzproblems gleichzeitig die Kapazität erweitert wird, sind in der Praxis üblich und können daher mit der Kostenvergleichsrechnung nicht exakt erfasst werden.

Der Anwender unterscheidet generell oft nur unzureichend zwischen den verschiedenen Anwendungsfeldern **Alternativenvergleich** und **Ersatzproblem**. Das kann zur Folge haben, dass z. B. beim Ersatzproblem der Kapitaldienst der Altanlage berücksichtigt wird und es deshalb zu einer Fehleinschätzung kommt.

Die Kostenvergleichsrechnung eignet sich für Investitionsobjekte in der Praxis nur, wenn

- die Ertragsseite unberührt bleibt und
- keine Erweiterungsinvestitionen durchgeführt werden.

Die Kostenvergleichsrechnung weist die allgemeinen Schwächen der statischen Verfahren auf. Darüber hinaus zielt sie unausgesprochen auf einen einperiodischen Vergleich ab.

2.2 Gewinnvergleichsrechnung

Die Gewinnvergleichsrechnung unterscheidet sich von der Kostenvergleichsrechnung in erster Linie dadurch, dass sie zusätzlich zu den Kosten eines Investitionsobjekts auch die Erträge berücksichtigt. Im Gegensatz zur Rentabilitätsrechnung werden im Rahmen der Gewinnvergleichsrechnung jedoch keine Aussagen über die Kapitalrentabilität getroffen. Es wird jenes Investitionsobjekt als vorteilhaft betrachtet, das die höchsten Gewinne pro Periode oder pro Leistungseinheit erwirtschaftet. Die Gewinnermittlung erfolgt durch die Berechnung der Differenz aus Leistungen und Kosten entweder einer Periode oder einer Leistungseinheit:

$$\text{Gewinn} = \text{Leistung} - \text{Kosten}$$

bzw.

$$\text{Gewinn} = (\text{Preis} * \text{Menge}) - (\text{Fixkosten} + \text{variable Kosten})$$

In der Praxis wird die Gewinnvergleichsrechnung sowohl für

- Einzelinvestitionen,
- Alternativenvergleiche sowie
- Ersatzprobleme

eingesetzt.

Einzelinvestition

Bei Einzelinvestitionen kann die absolute Vorteilhaftigkeit eines Investitionsobjekts errechnet werden. Ist der durchschnittliche erwartete Gewinn pro Jahr eines Investitionsobjekts größer null, so kann die Investition als vorteilhaft angesehen werden. Somit gilt:

$$G \geq 0$$

Beispiel 5: Vorteilhaftigkeit einer Einzelinvestition

Ein Industrieunternehmen plant die Investition einer neuen Maschine. Der Kaufpreis beträgt 100.000 €. Für Transportkosten müssen 500 € kalkuliert werden, die Errichtungskosten für Elektriker und Installateur schlagen mit 750 € zu Buche. Die Nutzungsdauer kann mit 4 Jahren angenommen werden. Die sonstigen Fixkosten setzen sich aus Strom- und Wasserkosten zusammen und belaufen sich auf 5.000 € pro Jahr. Es kann ein jährlicher Absatz von 60.000 Stück erwartet werden, bei einem Verkaufspreis von 0,80 € pro Stück. Die variablen Kosten können mit 0,20 € pro Stück angenommen werden. Die Verzinsung des eingesetzten Kapitals erfolgt mit einem Zinssatz von 5 % p. a.

Die Geschäftsleitung möchte nun wissen, ob die Investition nach den Gesichtspunkten der Gewinnvergleichsrechnung als vorteilhaft angesehen werden kann.

Daten	**Einheit**	**Betrag**
Anschaffungspreis	€	100.000
Transportkosten	€	500
Errichtungskosten	€	750
Nutzungsdauer	Jahre	4
Liquidationserlös am Ende der Nutzungsdauer	€	10.000
jährliche Fixkosten (Strom, Wasser)	€/Jahr	5.000
erwartete Absatzmenge	Stück/Jahr	60.000
Verkaufspreis	€/Stück	0,80
variable Kosten	€/Stück	0,20
Kalkulationszinssatz	%	5

Lösung:

Bei der Berechnung der **Erlöse** wird die erwartete Absatzmenge mit dem Verkaufspreis multipliziert:

Erlöse	Einheit	Betrag
Umsatz (60.000 * 0,80)	€/Jahr	48.000

Nun zu den **Kosten**:

Dabei errechnen wir die kalkulatorische Abschreibung wie folgt:

$$\frac{\text{Anschaffungskosten} - \text{Restwert}}{\text{Nutzungsdauer}} = \frac{100.000 - 10.000}{4} = 22.500\ €$$

Die kalkulatorischen Zinsen errechnen sich folgendermaßen:

$$\frac{\text{Anschaffungskosten} + \text{Restwert}}{2} * \text{Kalkulationszinssatz} =$$

$$\frac{100.000 + 10.000}{2} * 0{,}05 = 2.750\ €$$

Die Gesamtkosten ergeben daher einen Wert von:

Kosten	Einheit	Betrag
Kalkulatorische Abschreibung	€/Jahr	22.500
Kalkulatorische Zinsen	€/Jahr	2.750
Fixkosten	€/Jahr	5.000
Variable Kosten	€/Jahr	12.000
Gesamtkosten	**€/Jahr**	**42.250**

Subtrahiert man nun die Kosten von den Erlösen ergibt sich ein jährlicher Durchschnittsgewinn von 5.750 €, sodass die Investition in die neue Anlage als vorteilhaft angesehen werden kann:

Gewinn	Einheit	Betrag
Erlöse – Kosten (48.000 – 42.250)	€/Jahr	5.750

Alternativenvergleich

Durch die Gegenüberstellung der durchschnittlichen Jahresgewinne zweier Anlagen kann die Gewinnvergleichsrechnung auch zum Alternativenvergleich herangezogen werden. Mathematisch lässt sich die Vorteilhaftigkeit im Rahmen der Gewinnvergleichsrechnung beispielsweise einer Anlage 1 gegenüber einer Anlage 2 folgendermaßen darstellen:

$$G_{\text{Anlage 1}} \geq G_{\text{Anlage 2}}$$

(G = Gewinn)

Beispiel 6: Alternativenvergleich

Der Betreiber eines Copy-Shops plant eine Investition in ein neues Farblaser-Kopiergerät. Dabei stehen zwei Geräte zur Auswahl: Modell „Copy-Master 1" verspricht eine höhere Qualität als „Copy-Master 2", somit kann auch ein höherer Verkaufspreis für die Kopien verlangt werden.

Daten	Einheit	Copy-Master 1	Copy-Master 2
Anschaffungskosten (AK)	€	12.000	8.500
Nutzungsdauer (ND)	Jahre	4	4
Liquidationserlös am Ende der Nutzungsdauer (ND)	€	1.000	700
sonstige Fixkosten p. a.	€	300	250
Prognostizierte Absatzmenge p. a.	Stk.	100.000	100.000
Verkaufspreis	€/Stk.	0,09	0,06
variable Stückkosten	€/Stk.	0,03	0,02
Kalkulationszinssatz	%	5	5

Lösung:

Aus diesen Angaben ergeben sich folgende Kosten:

Kosten	Einheit	Copy-Master 1	Copy-Master 2
Abschreibung ((AK – R)/ND)	€ p. a.	2.750	1.950
Zinsen ((AK + R)/2) * i	€ p. a.	325	230
Sonstige Fixkosten	€ p. a.	300	250
Variable Kosten (K_{var} * Menge)	€ p. a.	3.000	2.000
Gesamtkosten	**€ p. a.**	**6.375**	**4.430**

Nach dem Kriterium der Kostenvergleichsrechnung wäre der Copy-Master 2 zu bevorzugen. Wenn wir die Erlöse mit einbeziehen, ergibt sich folgendes Bild:

Erlöse	Einheit	Copy-Master 1	Copy-Master 2
Umsatz	€/Jahr	9.000	6.000
Gewinn	**Einheit**	**Copy-Master 1**	**Copy-Master 2**
Erlöse – Kosten	€/Jahr	**2.625**	**1.570**

Bei Berücksichtigung der zu erwartenden Erlöse erscheint der Copy-Master 1 in einem besseren Licht, die Gewinnvergleichsrechnung liefert in diesem Beispiel ein anderes Ergebnis als die reine Kostenvergleichsrechnung.

Ersatzproblem

Auch die Frage nach „Weiterbetrieb oder Sofortersatz?" kann durch die Gewinnvergleichsrechnung beantwortet werden. Im Gegensatz zur Kostenvergleichsrechnung werden an dieser Stelle zusätzlich noch die Erlöse mitberücksichtigt. Die gewinngünstigste Variante ergibt sich durch den Vergleich des durchschnittlichen Jahresgewinns **vor** Durchführung der Ersatzinvestition mit jenem Gewinn **nach** Durchführung der Investition.

Beispiel 7: Ersatzproblem: Kaufen oder behalten?

Ein noch funktionstüchtiges Kopiergerät könnte (bei gleicher Kapazität) durch ein neues Modell ersetzt werden. Ist ein Ersatz kostengünstiger als der Weiterbetrieb des bestehenden Gerätes?

Daten	**Einheit**	**Bestehendes Gerät**	**Neues Gerät**
Anschaffungskosten	€		6.500
Nutzungsdauer	Jahre		4
Fixe Betriebskosten p.a.	€	1.000	650
Prognostizierte Absatzmenge p.a.	Stk.	100.000	100.000
Verkaufspreis	€/Stk.	0,07	0,09
Variable Stückkosten	€/Stk.	0,03	0,02
Kalkulationszinssatz	%	5	5

Bei den Kosten schneidet das bestehende Kopiergerät besser ab als das neu anzuschaffende:

Kosten	**Einheit**	**Bestehendes Gerät**	**Neues Gerät**
Abschreibung	€ p. a.		1.625,00
Zinsen	€ p. a.		162,50
fixe Betriebskosten	€ p. a.	1.000	650,00
variable Kosten	€ p. a.	3.000	2.000,00
Gesamtkosten	€ p. a.	4.000	4.437,50

Die Erlöse errechnen sich folgendermaßen:

Erlöse	Einheit	Bestehendes Gerät	Neues Gerät
Umsatz	€/Jahr	7.000	9.000

Unter Berücksichtigung der Erlöse schneidet das neue Gerät besser ab als das bestehende Kopiergerät.

Gewinn	**Einheit**	**Bestehendes Gerät**	**Neues Gerät**
Erlöse – Kosten	€/Jahr	3.000	**4.562,50**

In diesem Fall ist der Sofortersatz der alten Anlage vorteilhaft! Die Kostenvergleichsrechnung ist noch zu Gunsten des bestehenden Kopiergerätes ausgefallen, die Gewinnvergleichsrechnung spricht für den Sofortersatz durch das moderne Kopiergerät, das pro Jahr um 1.562,50 € höhere Erlöse erwirtschaftet.

Grenzen der Gewinnvergleichsrechnung

Die Gewinnvergleichsrechnung berücksichtigt neben den Kosten auch Leistungen und damit eventuelle Ertragsänderungen von alternativen Investitionsobjekten. Sie eignet sich auch zur Erfassung von Erweiterungsinvestitionen und stellt quasi eine Erweiterung der Kostenvergleichsrechnung dar. Andererseits berücksichtigt die Gewinnvergleichsrechnung in keinem Maße die Zeitpräferenz (vgl. Kapitel „Dynamische Methoden") und sagt nichts über die Rentabilität des eingesetzten Kapitals aus. Außerdem ist es ein Schwachpunkt, dass keine Einzelschätzung der künftigen Zahlungsgrößen vorgenommen wird und dass „Kosten und Leistungen" anstelle von „Aus- und Einzahlungen" verwendet werden.

2.3 Rentabilitätsrechnung

Während die Gewinnvergleichsrechnung und die Kostenvergleichsrechnung jeweils eine absolute Größe errechnet, ermöglicht es die Rentabilitätsrechnung (auch Return-on-Investment-Methode genannt – ROI), eine relative Größe (die Rentabilität in Prozent) des Investitionsvorhabens festzustellen. In Lehre und Praxis gibt es zahlreiche Vorschläge, wie diese Rechnung durchzuführen sei. Unter Rentabilität einer Investition versteht man jedenfalls die jährliche Verzinsung des durch die Investition gebundenen Kapitals. Die Form der Rentabilität errechnet sich aus dem Verhältnis des Gewinnzuwachses bzw. der Kosteneinsparung einer Investition zum eingesetzten Kapital. Nach dieser Methode ist eine Investition dann vorteilhaft, wenn die ermittelte Rentabilität mindestens so hoch ist wie die vorher vom Investor festgesetzte Mindestrentabilität. Bei einem

Alternativenvergleich ist jene Investition zu bevorzugen, welche die höchste Rentabilität aufweist.

Die Rentabilitätsformel lautet:

$$\text{Rentabilität} = \frac{\text{Gewinn (€/Jahr)}}{\text{Kapitaleinsatz (€)}}$$

Als Kapitaleinsatz gelangt der gesamte durchschnittliche Kapitaleinsatz (DGK = durchschnittlich gebundenes Kapital) zur Anwendung. Dieser errechnet sich wie folgt aus Anschaffungskosten (AK) und Restwert (R).

$$\text{DGK} = \frac{\text{AK}}{2} \quad \text{besser} \quad \frac{\text{AK} + \text{R}}{2} \quad \text{bzw.} \quad \frac{\text{AK} - \text{R}}{2} + \text{R}$$

Beispiel 8: Alternative zur Einzelinvestition

Neben dem zunächst als Einzelinvestition geprüften Investitionsobjekt soll noch ein zweites Investitionsobjekt alternativ auf seine Vorteilhaftigkeit hin untersucht werden.

Die variablen Stückkosten betragen für

Investitionsobjekt 1 = 7,20 €

Investitionsobjekt 2 = 6,10 €

Die Daten sind der Tabelle zu entnehmen:

		Investitionsobjekt 1			Investitionsobjekt 2		
Anschaffungskosten (AK)	€		180.000			175.000	
Restwert	€		0			0	
Nutzungsdauer(ND)	Jahre		6			6	
Auslastung	Stück/Jahr		20.000			23.000	
Mindest-Zins	%		10			10	
Erträge				225.000			228.000
Sonstige fixe Kosten		10.000			8.000		

Lösung:

		Investitionsobjekt 1			Investitionsobjekt 2		
Anschaffungskosten (AK)	€		180.000			175.000	
Restwert	€		0			0	
Nutzungsdauer (ND)	Jahre		6			6	
Auslastung	Stück/Jahr		20.000			23.000	
Zinssatz	%		10			10	
Erträge				225.000			228.000
Abschreibungen	AK/ND	30.000			29.167		
Sonstige fixe Kosten		10.000			8.000		
Fixe Kosten			40.000			37.167	
Var. Kosten			144.000			140.300	
Ges. Kosten				184.000			177.467
Gewinn				41.000			50.533

Berechnung der Rentabilität:

$$\text{Rendite} = \frac{E - K}{DGK} * 100$$

$$\text{Rendite 1} = \frac{225.000 - 184.000}{90.000} * 100 = 45{,}56\ \%$$

$$\text{Rendite 2} = \frac{228.000 - 177.467}{87.500} * 100 = 57{,}75\ \%$$

E = Erlöse, K = Kosten, DGK = durchschnittlich gebundenes Kapital

Ergebnis:

Das Investitionsobjekt 2 ist vorteilhafter als das Investitionsobjekt 1, da es eine um 12,19 % höhere Rendite aufweist.

Wichtig:

Diese Rechnung kann sinnvoller Weise nur durchgeführt werden, wenn:

- die Anschaffungskosten der alternativen Investitionsobjekte gleich oder ähnlich hoch sind,
- die Nutzungsdauern der alternativen Investitionsobjekte gleich oder ähnlich hoch sind.

Besonders zu beachten ist jedoch das Phänomen der Differenzinvestition. Sind Anschaffungskosten und/oder Nutzungsdauern der alternativen Investitionsobjekte unterschiedlich hoch, müssen sie vergleichbar gemacht werden, um falsche Schlüsse zu vermeiden. Dies geschieht mittels der Differenzinvestition.

Beispiel 9: Kostenänderungen berücksichtigen – Differenzinvestition

Das Investitionsobjekt 1 wird überraschend im Preis um 15,00 % gesenkt. Es kostet jetzt nur noch 153.000 €. Damit verbleibt eine Differenz von 22.000 € zwischen beiden Investitionsobjekten. Einzeldaten der Differenzinvestition liegen nicht vor. Es ist lediglich bekannt, dass sie einen Gewinn von 10.000 € erwirtschaftet.

Datentabelle:

		Investitionsobjekt 1			Diff.Inv	Investitionsobjekt 2		
Anschaffungskosten (AK)	€		153.000		22.000		175.000	
Restwert	€		0				0	
Nutzungsdauer(ND)	Jahre		6				6	
Auslastung p.a.	Stück		20.000				23.000	
Mindest-Zins	%		10				10	
Erträge				225.000				228.000
Sonstige fixe Kosten		10.000				8.000		
Variable Kosten			144.000				140.300	
Gewinn					10.000			

Lösung:

		Investitionsobjekt 1			Diff.Inv	Investitionsobjekt 2		
Anschaffungskosten (AK)	€		153.000		22.000		175.000	
Restwert	€		0				0	
Nutzungsdauer(ND)	Jahre		6				6	
Auslastung p.a.	Stück		20.000				23.000	
Mindest-Zins	%		10				10	
Erträge				225.000				228.000
Abschreibungen		25.500				29.167		
Sonstige fixe Kosten		10.000				8.000		
Fixe Kosten			35.500				37.167	
Variable Kosten			144.000				140.300	
Gesamte Kosten				179.500				177.467
Gewinn				45.500	10.000			50.533

Berechnung der Rendite:

Symbolik: E = Erlöse; K = Kosten; DGK = durchschnittliches Kapital

$$R = \frac{E - K}{DGK} * 100$$

$$R_1 = \frac{225.000 - 179.500 + 10.000}{87.500} * 100 = 63{,}43\ \%$$

$$R_2 = \frac{228.000 - 177.467}{87.500} * 100 = 57{,}75\ \%$$

Ergebnis:

Nach der revidierten Rentabilitätsrechnung ist das Investitionsobjekt 1 – einschließlich der vorgesehenen Differenzinvestition – die bessere Investitionsalternative.

Wichtig:

Der Ansatz der kalkulatorischen Zinsen ist im Rahmen der Rentabilitätsrechnung in Praxis und Literatur umstritten.

Empfehlung:

Der durchschnittliche jährliche Gewinn sollte nicht um diese Kostenposition (kalkulatorische Zinsen) geschmälert werden, da sich ansonsten statt der durchschnittlichen jährlichen Verzinsung lediglich die über den kalkulatorischen Zins hinausgehende Verzinsung ergeben würde.

Grenzen der Rentabilitätsrechnung

Das Problem bei der Rentabilitätsrechnung ist die Bestimmung der dabei verwendeten Rechengrößen:

Für die Berechnung des durchschnittlich gebundenen Kapitals werden – vereinfachend – oft die halben Anschaffungskosten verwendet. Dadurch geht man nicht auf die Konstellationen des speziellen Falls ein, wodurch sich bereits eine erste Fehlerquelle ergibt. Doch selbst ein für den Einzelfall korrekt errechneter Kapitaleinsatz bedeutet nur eine grobe Annäherung an die eigentlich zu verzinsende Kapitalbasis, nämlich die jeweils im Objekt gebundenen Beträge.

Die nächste Fehlergefahr bezieht sich auf die Definition des Gewinns bzw. der Gewinnänderung. Die Annahme eines im Zeitablauf konstanten Gewinnes kann – jedenfalls bei Großinvestitionen und Investitionen mit langen Nutzungsdauern – in der Praxis zu gravierenden Fehlentscheidungen führen.

Welche Methoden sind in der Praxis besser?

Am folgenden Beispiel einer Rentabilitätsrechnung soll erläutert werden, warum die dynamischen den statischen Methoden vorzuziehen sind. In der Praxis können die statischen Methoden zu eklatanten Fehlentscheidungen führen, wie das folgende Beispiel belegt:

Beispiel 10: Vorteile dynamischer Methoden

Gegeben sind folgende Rahmenbedingungen:

Anschaffungskosten: 380.000 €; variable Kosten p. a. 2.000 €

Nutzungsdauer: 5 Jahre

Restwert: 0 €

Mindestzinssatz des Investors: 15,00 %

Folgende Einnahmen sind jährlich zu erwarten:

1. Jahr 80.000	2. Jahr 100.000	3. Jahr 100.000
4. Jahr 150.000	5. Jahr 150.000	

Aufgabe:

Ermitteln Sie die Vorteilhaftigkeit der Investition nach der statischen Rentabilitätsmethode!

Lösung:

Die Rentabilitätsformel lautet:

$$\text{Rentabilität} = \frac{\text{Gewinn (€/Jahr)}}{\text{Kapitaleinsatz (€)}}$$

		Investitionsobjekt		
Anschaffungskosten	€		380.000	
Restwert	€		0	
Nutzungsdauer (ND)	Jahre		5	
Zinssatz	%		15,00	
Durchschnittliche jährliche Erträge	€/Jahr			116.000
Abschreibungen	€/Jahr	76.000		
Variable Kosten	€/Jahr		2.000	
Jährlicher Gewinn	€/Jahr			38.000

Berechnung der Rentabilität:

$$R = \frac{E - K}{DGK} * 100$$

$$R = \frac{116.000 - 78.000}{190.000} * 100 = 20,0\ \%$$

Ergebnis:

Aus der Sicht der statischen Rentabilitätsmethode ist das Investitionsvorhaben vorteilhaft, da die jährlich zu erzielende Rendite über der vom Investor geforderten Mindestrendite liegt.

Wichtig:

An dieser Stelle sei festgehalten, dass für dieses Beispiel die finanzmathematisch ermittelte Rentabilität sich als unvorteilhaft erweist (Ergebnis: Rentabilität von 13,46 %) und damit unter der vom Investor geforderten Mindestverzinsung von 15 % liegt. Siehe dazu die folgenden Ausführungen im Kapitel „Dynamische Methoden". Die Entscheidung auf der Grundlage des statischen Rentabilitätsverfahrens führt zu einer Fehlentscheidung. Die Gründe liegen in den bereits geäußerten Schwachstellen der statischen Verfahren.

3 Dynamische Methoden

3.1 Kapitalwertmethode

Die Kapitalwertmethode prüft über den Vergleich der Ein- und Auszahlungen eines Investitionsobjekts die Vorteilhaftigkeit einer Investition.

Um die beiden Zahlungsströme vergleichbar zu machen, werden sie mit dem Kalkulationszinssatz (= der vom Investor geforderte Mindestzinssatz) auf den Zeitpunkt des Investitionsbeginns (= Zeitpunkt 0) abgezinst.

Aufzinsen einer heutigen Zahlung

Der so genannte „Aufzinsungsfaktor" AuF $(1+i)^n$ macht aus dem heutigen „Barwert" den späteren „Endwert". Dies wird an folgendem Beispiel erklärt:

Beispiel 11: Aufzinsung einer Zahlung

Welchen Betrag kann man nach sechs Jahren auf einem Sparbuch erwarten, wenn ma 1.000 € bei einem Zinssatz von 3 % p. a. veranlagt werden?

$$C_n = C_0 * AuF_n$$

$C_6 = 1.000 * (1+0,03)^6$

$C_6 = 1.000 * 1,194052$

$\mathbf{C_6 = 1.194}$

Ergebnis:

Aus den veranlagten 1.000 € werden bei einem Zinssatz von 3 % nach sechs Jahren 1.194 €.

Abzinsen einer späteren Zahlung

Über den „Abzinsungsfaktor" AbF $(1+i)^{-n}$ errechnet sich der heutige Wert (Barwert, Gegenwartswert) eines nach n Jahren fälligen Betrages.

Beispiel 12: Abzinsung einer Zahlung

Wie viel ist eine in zehn Jahren zu erwartende Zahlung von 10.000 € bei einem Zinssatz von 3,5 % p. a. zum heutigen Zeitpunkt wert?

$$C_0 = C_n * AbF_n$$

$$C_0 = 10.000 * (1+0{,}035)^{-10}$$

$$C_0 = 10.000 * 0{,}708919$$

$$\mathbf{C_0 = 7.089}$$

Ergebnis: Der Barwert der in zehn Jahren zu erwartenden Zahlung von 10.000 € beträgt zum heutigen Zeitpunkt 7.089 €.

Abzinsen und Summieren einer Zahlungsreihe

Bei der Errechnung des Barwerts einer Zahlungsreihe, bei der für die Dauer von n Jahren jeweils am Ende der Periode ein im Zeitablauf gleich bleibender Betrag anfällt, wird der Rechenweg über den Abzinsungsfaktor etwas zeitraubend. Der Diskontierungssummenfaktor (DSF) bietet hier eine elegante Möglichkeit:

$$DSF = \frac{(1+i)^n - 1}{i(1+i)^n}$$

$$C_0 = g * \frac{(1+i)^n - 1}{i(1+i)^n} = g * DSF$$

Beispiel 13: Abzinsen und Summieren von Zahlungen

Dazu ein Beispiel aus dem privaten Bereich. Ein Vater ist verpflichtet, die nächsten 14 Jahre jährlich 10.000 € Unterhalt zu zahlen. Mit welchem Einmal-Betrag könnte bei einem angenommenen Zinssatz von 10 % p. a. die Unterhaltszahlungsreihe abgelöst werden?

$$C_0 = g \cdot DSF$$

$$C_0 = 10.000 \cdot \frac{(1 + 0{,}10)^{14} - 1}{0{,}10 \cdot (1 + 0{,}10)^{14}}$$

$$C_0 = 10.000 \cdot 7{,}366687$$

$$\mathbf{C_0 = 73.667}$$

Ergebnis: Mit einer einmaligen Zahlung von 73.667 € könnten die jährlichen Unterhaltszahlungen des Vaters abgelöst werden.

Aufzinsen und Summieren einer Zahlungsreihe

Ähnlich wie der Diskontierungssummenfaktor DSF im vorigen Kapitel eine Erleichterung bei der Berechnung des Barwertes einer zukünftigen Zahlungsreihe brachte, hilft der Aufzinsungssummenfaktor oder Endwertfaktor (EWF) bei der Errechnung des Endwerts einer Zahlungsreihe. Der EWF erlaubt die Bestimmung jener einmaligen Zahlung C zum Zeitpunkt n, die einer Zahlungsreihe mit gleich bleibenden Jahreszahlungen bei einem Zinssatz von i gleichwertig ist.

$$EWF = \frac{(1 + i)^n - 1}{i}$$

$$C_n = g \cdot \frac{(1 + i)^n - 1}{i} = g \cdot EWF$$

Beispiel 14: Aufzinsen und Summieren von Zahlungen

Ein Vater legt für sein Kind jährlich 1.000 € bei der Bank an. Diese bietet einen Zinssatz von jährlich 5 %. Mit welchem Betrag kann das Kind an seinem 18. Geburtstag rechnen, wenn der Vater damit am 1. Geburtstag (= am Ende des ersten Lebensjahres) des Kindes beginnt und am 18. Geburtstag letztmalig einzahlt?

$$C_n = g * EWF$$

$$C_{17} = 1.000 * \frac{(1 + 0{,}05)^{17} - 1}{i}$$

$$C_{17} = 1.000 * 25{,}840366$$

$$\mathbf{C_{17} = 25.840}$$

Ergebnis: Zu seinem 18. Geburtstag erhält das Kind von seinem Vater ein Sparbuch im Wert von 25.840 €.

Das Kapitalwertkriterium

Die Kapitalwertmethode ist auch bekannt als Barwertmethode, Gegenwartsmethode, Net Present Value-Method bzw. Nettobarwertmethode. Ein- und Auszahlungen müssen sich, wenn sie vergleichbar sein sollen, auf einen einheitlichen Zeitpunkt, den Zeitpunkt 0, beziehen. Als Kriterium für die Beurteilung der Vorteilhaftigkeit einer Investition gilt somit

barwertige Einzahlungen ≥ barwertige Auszahlungen

Die Differenz zwischen barwertigen Ein- und Auszahlungen wird als Kapitalwert C_0 bezeichnet. Eine Investition ist lohnend, wenn

$C_0 \geq 0$

Bei einer Investition mit einem Kapitalwert von 0 erhält der Investor sein eingesetztes Kapital inklusive einer Verzinsung in Höhe seines geforderten Kalkulationszinssatzes zurück.

Kapitalwert bei konstanten Jahreszahlungen

In der Praxis erzeugt eine Investition i. d. R. mehrere Ein- und Auszahlungen. Beispielsweise verursacht eine Maschine während der Nutzungsdauer Betriebs- und Instandhaltungskosten, gleichzeitig aber auch jährliche Einzahlungen sowie am Ende des Lebenszyklus einen Restwert.

Der Kapitalwert lässt sich einfach mit der Gleichung $C_0 = E_0 - A_0$ ausrechnen, wobei E_0 den abgezinsten jährlichen Einzahlungen und A_0 den dabei abgezinsten Auszahlungen entspricht.

Beispiel 15: Kapitalwert (konstante Jahreszahlungen)

Ein Unternehmen plant die Anschaffung einer Maschine zum Preis von 150.000 €, die jährlich Betriebskosten von 30.000 € verursachen wird und nach einer angenommenen Nutzungsdauer von 10 Jahren um 15.000 € weiterverkauft werden kann. Damit können andererseits jährliche Ausgaben von 50.000 € vermieden werden, die bisher für Fremdarbeiten gezahlt werden mussten. Ist die Investition bei einem Kalkulationszinssatz von 5 % p. a. vorteilhaft?

$$C_0 = E_0 - A_0$$

$$C_0 = (50.000 - 30.000) * DSF_{10} + 15.000 * AbF_{10} - 150.000$$

$$C_0 = 20.000 * \frac{(1 + 0,05)^{10} - 1}{0,05 * (1 + 0,05)^{10}} + 15.000 * (1+0,05)^{-10} - 150.000$$

$$C_0 = 20.000 * 7,721735 + 15.000 * 0,613913 - 150.000$$

$$\mathbf{C_0 = 13.643}$$

Ergebnis:

Es errechnet sich ein positiver Kapitalwert von 13.643 €, d. h. das Unternehmen erwirtschaftet das eingesetzte Kapital zurück, erzielt die geforderte Mindestverzinsung von 5 % und erzielt darüber hinaus einen Überschuss von 13.643 €.

Kapitalwert bei unterschiedlichen Jahreszahlungen

In der Praxis hat man sehr oft mit unterschiedlichen Jahreszahlungen zu tun. In solchen Fällen kann der Diskontierungssummenfaktor nicht verwendet werden. Stattdessen müssen die einzelnen Jahresbeträge separat abgezinst werden. Der Kapitalwert bei Einzeldiskontierung ergibt sich dann wie folgt:

$$C_0 = (E_1 - A_1) * AbF_1 + (E_2 - A_2) * AbF_2 + \ldots + (E_n - A_n) * AbF_n - A$$

Beispiel 16: Kapitalwert (unterschiedliche Jahreszahlungen)

In Anlehnung an das Beispiel 5: Ein Unternehmen plant die Anschaffung einer Maschine zum Preis von 150.000 €, die nach einer angenommenen Nutzungsdauer von 5 Jahren um 15.000 € weiterverkauft werden kann. Die Betriebskosten von 20.000 € steigen jährlich um 5.000 €. Mit der Investition in diese Anlage können jährliche Ausgaben von 50.000 € vermieden werden, die bisher für Fremdarbeiten gezahlt werden mussten. Ist die Investition bei einem jährlichen Kalkulationszinssatz von 5 % vorteilhaft?

Zeitpunkt	Auszahlungen	Einzahlungen	Nettoeinzahlungen	AbF (5 %)	Barwerte
	1	2	3 = 2 - 1	4	5 = 3 * 4
0	150.000		- 150.000		- 150.000
1	20.000	50.000	30.000	0,952381	28.571
2	25.000	50.000	25.000	0,907029	22.676
3	30.000	50.000	20.000	0,863838	17.277
4	35.000	50.000	15.000	0,822702	12.341
5	40.000	65.000	25.000	0,783526	19.588
Kapitalwert = Summe der Barwerte aller Zahlungen					**- 49.547**

Ergebnis:

Die Investition in diese Maschine, mit jährlich steigenden Betriebskosten, erzielt einen Kapitalwert von - 49.547 € und ist daher nicht wirtschaftlich.

3.2 Interne Zinsfuß-Methode

Die interne Zinsfuß-Methode (auch „internal rate of return" genannt) wird in der Praxis oft als besonders brauchbar hervorgehoben. Das Ergebnis der Berechnungen wird als interner Zinssatz, Effektivzins, Rendite, Kapitalertragsrate usw. bezeichnet. Dabei wird der interne Zinssatz mit der Mindestverzinsungsanforderung des Investors verglichen. Die Investition wird als vorteilhaft angesehen, wenn der interne Zinssatz einer Investition mindestens so groß ist wie die Mindestverzinsungsanforderung, die der Investor an das Investitionsobjekt stellt.

$$r \geq i$$

Dabei muss der Investor die Frage beantworten, wie hoch die Mindestverzinsungsanforderung seiner Investition ist.

Errechnung des internen Zinssatzes

Grafische Methode

Unter dem internen Zinssatz versteht man jenen Zinssatz, bei dessen Anwendung der Kapitalwert einer Investition gleich null wird oder, was dasselbe besagt, bei dem die barwertigen Einzahlungen mit den barwertigen Auszahlungen übereinstimmen.

Beispiel 17: Interner Zinssatz, grafische Methode

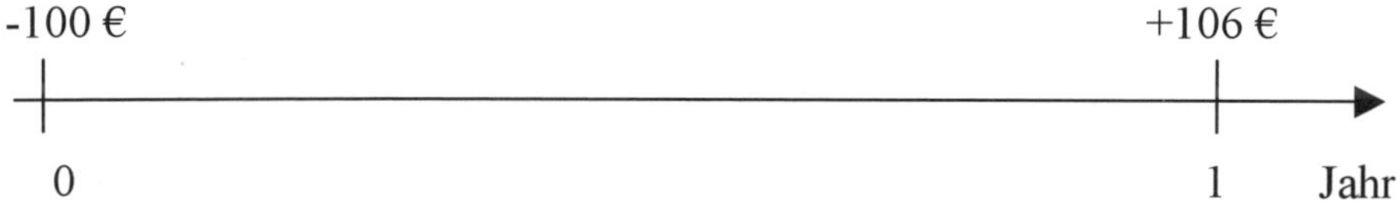

Die jährliche Rendite dieser Investition beträgt genau 6 %. Überprüfen wir nun die Vorteilhaftigkeit der Investition bei unterschiedlichen Kalkulationszinssätzen:

$C_0 = 106 * AbF - 100$

$C_0 = 106 * 0{,}943396 - 100$

$C_0 = 0$

Bei einem Zinssatz von 7 % p. a. ergibt sich folgender Barwert:

$C_{0,1} = 106 * AbF - 100$

$C_{0,1} = 106 * 0{,}934579 - 100$

$C_{0,1} = -0{,}934626$

Bei einem Zinssatz von 5 % p. a. ergibt sich folgender Barwert:

$C_{0,2} = 106 * AbF - 100$

$C_{0,2} = 106 * 0{,}952381 - 100$

$C_{0,2} = +0{,}952386$

Bei einer Gleichheit von Kalkulationszins und Rendite erhält der Investor sein Kapital zurück sowie eine Verzinsung in der Höhe der geforderten Mindestrendite. Steigt der Kalkulationszinssatz, wird die Investition unvorteilhaft; sinkt er, so wird die Investition vorteilhaft.

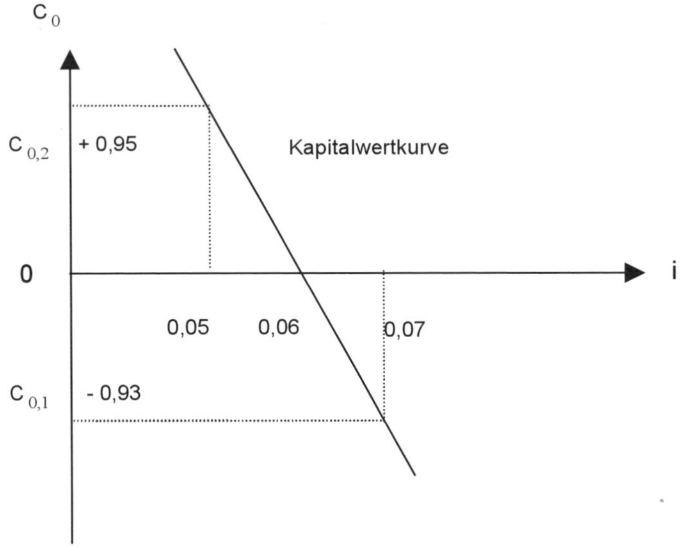

Abb. 10: Kapitalwertkurve

Ergebnis:

Die Kapitalwertkurve schneidet die Abszisse an der Stelle, wo der Zinssatz 6 % beträgt. Der Kapitalwert ist hier null. Bei einem niedrigeren Zinssatz von 5 % ergibt sich ein positiver Kapitalwert von hier +0,95.

Arithmetische Methode (Regula Falsi)

Die Regula Falsi ist ein Näherungsverfahren zur Bestimmung der Nullstellen einer Funktion auf Grundlage der linearen Interpolation.

Die Regula-Falsi-Gleichung lautet:

$$r = i_1 - C_{0,1} * \frac{i_2 - i_1}{C_{0,2} - C_{0,1}}$$

Beispiel 18: Interner Zinssatz (arithmetische Methode)

Angewandt auf die Rahmendaten aus Beispiel 17 bedeutet dies:

$$r = 0{,}05 - 0{,}95 * \frac{0{,}07 - 0{,}05}{-0{,}93 - 0{,}95}$$

$$\mathbf{r} = 0{,}06 = \mathbf{6{,}0\ \%}$$

Ergebnis:

Auch über die „Regula-Falsi"-Methode gelangt man wie im vorigen Beispiel mittels der grafischen Methode zu einem Zinssatz von 6 %.

Einige Sonderfälle

Ewige Rente

Für die Ermittlung unbegrenzter bzw. ewiger Zahlungsreihen ist der Diskontierungssummenfaktor (DSF) für eine unendliche Laufzeit zu wählen. Dieser lautet

$$DSF = \frac{1}{i}$$

Beispiel 19: Sonderfall ewige Rente

Ein Unternehmen, für das 1 Mio. € bezahlt wurde, wirft pro Jahr € 75.000 netto an den Investor ab. Wie hoch liegt die Rendite?

$$r = \frac{(e - a)}{A}$$

$$r = \frac{75.000}{1.000.000}$$

$$r = 0{,}075$$

Ergebnis:

Die Rendite dieses Investments beträgt unter Berücksichtigung einer ewigen Rente 7,5 %.

Restwertgleiche Anschaffungsauszahlung

In diesem Spezialfall müssen zwei Bedingungen erfüllt sein:

- Der Restwert am Ende der Nutzungsdauer entspricht der ursprünglichen Anschaffungsauszahlung
- Die jährlichen Nettoeinzahlungen sind im Zeitablauf konstant.

Die Rendite errechnet sich

$$r = \frac{(e - a)}{A}$$

Anschaffung ohne Restwert

In diesem Fall wird davon ausgegangen, dass sich mit der Investition am Ende der Nutzungsdauer kein Restwert mehr erwirtschaften lässt.

Der DSF errechnet sich in diesem Falle

$$DSF = \frac{A}{(e - a)}$$

Zweizahlungsfall

Der Zweizahlungsfall ist das einfachste Modell einer Investition: eine Anschaffungsauszahlung (A) im Zeitpunkt 0, sowie eine Einzahlung (R) am Investitionsende zum Zeitpunkt n. Der Effektivzinssatz errechnet sich, indem die n-te Wurzel des Quotienten beider Zahlungen ermittelt und um 1 vermindert wird.

$$r = \sqrt[n]{\frac{R}{A}} - 1 \quad \text{bzw.} \quad \left(\frac{R}{A}\right)^{\frac{1}{n}} - 1$$

3.3 Annuitätenmethode

Der Grundgedanke dieser Methode beruht darauf, dass alle mit einer Investition verbundenen Zahlungen gleichmäßig auf die Nutzungsjahre verteilt werden. Das Beurteilungskriterium sind also die durchschnittlichen jährlichen Ein- und Auszahlungen. Dabei müssen auch die Anschaffungsauszahlung sowie der Restwert unter Berücksichtigung von Zins und Zinseszins auf die Nutzungszeit verteilt werden. Somit haben wir es hier mit einem Verrentungsproblem – der Umrechnung einer einmaligen Zahlung in eine Reihe gleicher Zahlungen – zu tun.

Verrentung einer heutigen Zahlung

Eine zum heutigen Zeitpunkt fällige einmalige Zahlung soll gleichmäßig auf eine zukünftige Rente aufgeteilt werden.

Im Rahmen des Kapitalwertkriteriums haben wir die Gleichung

$$C_0 = g * \frac{(1+i)^n - 1}{i(1+i)^n} = g * DSF$$

kennen gelernt. Die nunmehr gesuchte Größe g erhält man durch Umformung in

$$g = C_0 * \frac{i\,(1+i)^n}{(1+i)^n - 1} = C_0 * KWF$$

wobei KWF für „Kapitalwiedergewinnungsfaktor" steht. Dieser ist auch als Verrentungsfaktor bzw. Annuitätenfaktor bekannt. Damit errechnen wir jene Zahlungsreihe, die einer einmaligen, zum Zeitpunkt t_0 anfallenden Zahlung wirtschaftlich gleichwertig (äquivalent) ist.

Beispiel 20: Verrentung einer heutigen Zahlung

Ein zukünftiger Ruheständler möchte seine Lebensversicherungssumme nicht als Einmalzahlung sondern als Rente konsumieren. Mit welcher Jahresrente kann er bei einer Versicherungssumme von 250.000 € einer Restlebenserwartung von 15 Jahren und einem Kalkulationszinssatz von 4 % p. a. rechnen?

$$g = C_0 * KWF$$

$$g = 250.000 * \frac{0{,}04\,(1 + 0{,}04)^{15}}{(1 + 0.04)^{15} - 1}$$

$$g = 250.000 * 0{,}089941$$

$$\mathbf{g = 22.485}$$

Ergebnis:

Der Ruheständler kann mit einer jährlichen Rente von 22.485 € rechnen.

Verrentung einer späteren Zahlung

Eine zu einem späteren, zukünftigen Zeitpunkt fällige Zahlung soll auf eine gleichmäßige Rente aufgeteilt werden. Wir bedienen uns dabei des Abzinsungsfaktors (siehe früheres Kapitel), der die zukünftige Zahlung C_n zu einer heutigen Zahlung C_0 macht. Im nächsten Schritt teilen wir diese Zahlung über den Kapitalwiedergewinnungsfaktor auf eine Rente auf. Als Gleichung ergibt sich dann

$$g = C_n * AbF * KWF$$

$$g = C_n * (1+i)^{-n} * \frac{i(1+i)^n}{(1+i)^n - 1}$$

$$g = C_n * \frac{i}{(1+i)^n - 1} = C_n * RVF$$

Den Faktor „RVF" nennt man Restwertverteilungsfaktor. Damit ist die Errechnung einer Zahlungsreihe möglich, die einem einmaligen Betrag zum Zeitpunkt n entspricht.

Beispiel 21: Verrentung einer späteren Zahlung

Welchen jährlichen Betrag muss ein Arbeitnehmer von seinem Gehalt auf die Seite legen, damit er in 25 Jahren ein Vermögen von 250.000 € angehäuft hat? Den Jahres-Zinssatz nehmen wir mit 5 % an.

$$g = C_n * \frac{i}{(1+i)^n - 1}$$

$$g = 250.000 * \frac{0{,}05}{(1+0{,}05)^{25} - 1}$$

$$\mathbf{g = 5.238}$$

Ergebnis:

Um in 25 Jahren ein Vermögen von 250.000 € aufzubauen, muss der Arbeitnehmer bei einem Zinssatz von 5 % jährlich 5.238 € auf die Seite legen.

Das Annuitätenkriterium – Entscheidungsregel

Das Annuitätenkriterium, also die Entscheidungsregel der Annuitätenmethode besagt, dass sich eine Investition dann lohnt, wenn deren

durchschnittliche jährliche Einzahlungen (DJE)

$\geq$

durchschnittliche jährliche Auszahlungen (DJA) sind.

Das Kriterium ist demnach erfüllt, wenn die Differenz aus durchschnittlichen jährlichen Ein- und Auszahlungen positiv, mindestens jedoch 0 ist:

durchschnittlicher jährlicher Überschuss (DJÜ) $\geq$ 0

In der Folge werden wir uns die Ermittlung des durchschnittlichen jährlichen Überschusses (Nettoeinzahlungen) anschauen.

Überschussermittlung bei konstanten jährlichen Nettoeinzahlungen

Die durchschnittlichen jährlichen Einzahlungen (DJE) ermittelt man, indem man die Reihe der Einzahlungen um den Betrag erhöht, der wirtschaftlich dem auf die Investitionslaufzeit verteilten Restwert entspricht.

DJE = e + anteiliger Restwert (R)

$$DJE = e + R * \frac{i}{(1+i)^{n} - 1} = e + R * RVF$$

Auch bei den durchschnittlichen jährlichen Auszahlungen (DJA) erhöht sich die Reihe der Auszahlungen um jenen Betrag, der wirtschaftlich die auf die Laufzeit umgelegte Anschaffungsauszahlung repräsentiert.

$$DJA = a + A * \frac{i * (1+i)^n}{(1+i)^n - 1} = a + A * KWF$$

Somit sind alle Ein- und Auszahlungen auf die Laufzeit verteilt und in Zahlungsreihen umgeformt.

Beispiel 22: Überschussermittlung (konstante jährliche Nettoeinzahlung)

Ein Unternehmen überlegt die Anschaffung einer Anlage zu einem Preis von 50.000 €. Die erwartete Nutzungsdauer wird fünf Jahre betragen, danach ist mit einem Restwert von 5.000 € zu rechnen. Einzahlungen von 15.000 € stehen jährlich Auszahlungen von 7.500 € gegenüber. Mit welchem DJE, DJA und DJÜ kann das Unternehmen bei einem jährlichen Kalkulationszinssatz von 5 % kalkulieren?

$$DJE = e + R * RVF$$

$$DJE = 15.000 + 5.000 * \frac{0,05}{(1 + 0,05)^5 - 1}$$

$$DJE = 15.000 + 904,87$$

$$DJE = 15.905 €$$

$$DJA = a + A * KWF$$

$$DJA = 7.500 + 50.000 * \frac{0,05 * (1,05)^n}{(1 + 0,05)^5 - 1}$$

$$DJA = 7.500 + 11.548,74$$

$$DJA = 19.049 €$$

$$DJÜ = DJE – DJA$$

DJÜ = - 3.144

Ergebnis:

Bei durchschnittlichen jährlichen Einzahlungen von 15.905 € und Auszahlungen von 19.049 € ergibt sich ein negativer Überschuss bzw. eine Unterdeckung von –3.144 €. Die Investition ist also nicht lohnend.

Überschussermittlung bei unterschiedlichen jährlichen Nettoeinzahlungen

Bei konstanten jährlichen Ein- und Auszahlungen ist der Überschuss schnell errechnet. Sind die Nettoeinzahlungen (NE) hingegen unterschiedlich hoch, ist der Rechenweg deutlich aufwändiger, um eine gleichmäßige Zahlungsreihe zu bekommen. Inkonstante Zahlungsreihen werden mit dem dazugehörigen jährlichen Abzinsungsfaktor abgezinst und mit dem KWF gleichmäßig auf die Anzahl der Nutzungsdauer verteilt.

Beispiel 23: Überschussermittlung (unterschiedliche jährliche Nettoeinzahlung)

Ein Unternehmen plant eine Investition über 80.000 € bei einem Kalkulationszinssatz von jährlich 7 %. Ein- und Auszahlungen während der vierjährigen Laufzeit können aus der Tabelle ersehen werden:

Restwert					15.000
Einzahlungen		10.000	20.000	40.000	60.000
Auszahlungen	-80.000	-15.000	-10.000	-7.500	-5.000
n	**0**	**1**	**2**	**3**	**4**
Differenz E-A	-80.000	-5.000	10.000	32.500	70.000

Aufgabe:

Errechnen Sie den durchschnittlichen jährlichen Überschuss (DJÜ), und beurteilen Sie die Vorteilhaftigkeit der Investition.

Ergebnis:

Zeitpunkt	Differenz E-A	AbF	Barwert
0	- 80.000	1,000000	- 80.000,00
1	- 5.000	0,934579	- 4.672,90
2	10.000	0,873439	8.734,39
3	32.500	0,816298	26.529,69
4	70.000	0,762895	53.402,65
Barwert Differenz Ein-Auszahlungen			**3.993,83**

DJÜ = Barwert Differenz * KWF

DJÜ = 3.993,83 * 0,295228

DJÜ = 1.179

Die Investition erreicht einen durchschnittlichen jährlichen Überschuss von 1.179 € und ist damit absolut vorteilhaft.

3.4 Baldwin-Methode

Den dynamischen Investitionsrechnungsverfahren liegt das so genannte „Fisher-Theorem“ (auch „Fisher-Separation“ genannt) zugrunde. Es besagt, dass sich die erzielten Überschüsse wiederum zum internen Zinsfuß verzinsen (so genannte „Wiederveranlagungsprämisse“). Darüber hinaus stellt sich bei der internen Zinsfuß-Methode das Problem der Mehrdeutigkeit des Zinssatzes: polynome Gleichungen n-ten Grades können bis zu n Lösungen haben, oder sie führen zu überhaupt keiner reellen Lösung. Hier hilft die Baldwin-Methode.

Das Manko der Wiederveranlagungsprämisse wird bei der Baldwin-Methode dadurch umgehen, indem für die Auszahlungs- und Einzahlungsströme realistische Zinssätze herangezogen werden. Auch ein mehrmaliger Vorzeichenwechsel stellt bei der Anwendung dieser Methode kein Problem dar, weil sich die Verzinsung so errechnet, dass die Einzahlungsströme auf das Ende der Nutzungsdauer aufgezinst (EE = „Endwert der Einnahmen"), die Auszahlungsströme auf den Zeitpunkt „0" abgezinst (BA = „Barwert der Auszahlungen") und daraus dann die n-te Wurzel gezogen wird.

Errechnung der Effektivverzinsung

Die Effektivverzinsung einer Investition nach der Baldwin-Methode errechnet sich aus der n-ten Wurzel aus dem Endwert der Einzahlungen, dividiert durch den Barwert der Auszahlungen, abzüglich 1, multipliziert mit 100:

$$r_B = \left(\sqrt[n]{\frac{EE}{BA}} - 1 \right) * 100$$

Beispiel 24: Effektivverzinsung

Ein Unternehmen plant die Investition in eine neue Produktionsanlage. Die Anschaffungskosten belaufen sich auf 2.500.000 €. Die Nutzungsdauer wird mit drei Jahren angenommen. Der Kalkulationszins für die Ausgaben wird mit 5 % p. a. angenommen, der Veranlagungszins für die Einnahmen 4 % p. a. Die jährliche Mindestrendite wird mit 10 % beziffert. In den folgenden fünf Jahren rechnet das Unternehmen mit folgenden Einzahlungsüberschüssen:

1. Jahr: 1.000.000 €

2. Jahr: 1.200.000 €

3. Jahr: 1.500.000 € (unter Berücksichtigung eines Sanierungsaufwands sowie eines Restwerterlöses)

$EE = 1.500.000 + (1.200.000 * 1{,}04) + (1.000.000 * 1{,}04^2) = 3.829.600$

$$r = \left(\sqrt[3]{\frac{3.829.600}{2.500.000}} - 1 \right) * 100$$

r = 15,28 %

Ergebnis:

Unter den angenommenen Rahmenbedingungen wird eine Rendite von 15,28 % erwirtschaftet, was über der geforderten Mindestrendite von 10 % liegt und die Investition absolut lohnend macht.

Wann ist diese Methode vorteilhafter als andere Verfahren?

Wie bereits erwähnt ist in folgenden Fällen die Baldwin-Methode vorteilhafter als die interne Zinsfuß-Methode:

a) bei Mehrdeutigkeit des Zinssatzes (polynome Gleichungen n-ten Grades können bis zu n Lösungen haben)
b) wenn überhaupt keine reelle Lösung vorliegt
c) bei mehrmaligem Vorzeichenwechsel und
d) wenn die Wiederveranlagungsprämisse für das Investitionsvorhaben nicht zutrifft.

Für die praktische Anwendung dürften die Probleme der internen Zinsfuß-Methode (Mehrdeutigkeit, Vorzeichenwechsel, keine reelle Lösung etc.) dennoch nicht allzu groß sein. Sollten diese Rahmenbedingungen im Falle der geplanten Anwendung der internen Zinsfuß-Methode zutreffen, besteht jedoch immer noch die Möglichkeit, auch auf die Kapitalwertmethode oder die Annuitätenmethode zu setzen um eine Wirtschaftlichkeitsanalyse durchzuführen. Für die Ermittlung der Rendite bietet sich in dieser Situation die Baldwin-Methode an.

4 Zusammenfassende Erklärung der finanzmathematischen Faktoren

Folgende Darstellungen zeigen die wichtigsten finanzmathematischen Faktoren sowie deren Wirkungsweisen:

Faktor (nachschlüssig)	Alternative Schreibweise $(1 + i) = q$	Bezeichnung	Funktionsbeschreibung
$(1 + i)^n$	q^n	Aufzinsungsfaktor (AuF)	zinst einen jetzt fälligen Geldbetrag K_0 mit Zins und Zinseszins auf einen nach n Jahren fälligen Geldbetrag K_n auf.
$(1 + i)^n$	q^{-n}	Abzinsungsfaktor (AbF)	zinst einen nach n Jahren fälligen Geldbetrag K_n unter Berücksichtigung von Zins und Zinseszins auf einen jetzt fälligen Geldbetrag K_0 ab.
$\frac{(1 + i)^n - 1}{i(1 + i)^n}$	$\frac{q^n - 1}{q^n(q - 1)}$	Diskontierungssummenfaktor (DSF)	zinst die Gliederung einer Zahlungsreihe unter Berücksichtigung von Zins und Zinseszins ab und addiert gleichzeitig die Barwerte
$\frac{i(1 + i)^n}{(1 + i)^n - 1}$	$\frac{q^n(q - 1)}{q^n - 1}$	Kapitalwiedergewinnungsfaktor (KWF)	verteilt einen jetzt fälligen Geldbetrag K_0 in gleiche Annuitäten g unter Berücksichtigung von Zins und Zinseszins auf n Jahre
$\frac{i}{(1 + i)^n - 1}$	$\frac{q - 1}{q^n - 1}$	Restwertverteilungsfaktor (RVF)	verteilt eine nach n Jahren fällige Einmalzahlung K_n unter Berücksichtigung von Zins und Zinseszins auf die Laufzeit von n Jahren
$\frac{(1 + i)^n - 1}{i}$	$\frac{q^n - 1}{q - 1}$	Endwertfaktor (EWF)	zinst die Gliederung einer Zahlungsreihe unter Berücksichtigung von Zins und Zinseszins auf und addiert gleichzeitig die Endwerte.

Für die praktische Anwendung der verschiedenen Verfahren der dynamischen Investitionsrechnung reichen in der Regel diese sechs finanzmathematischen Faktoren (nachschüssig) aus.

Funktion der finanzmathematischen (nachschüssigen) Faktoren in grafischer Form

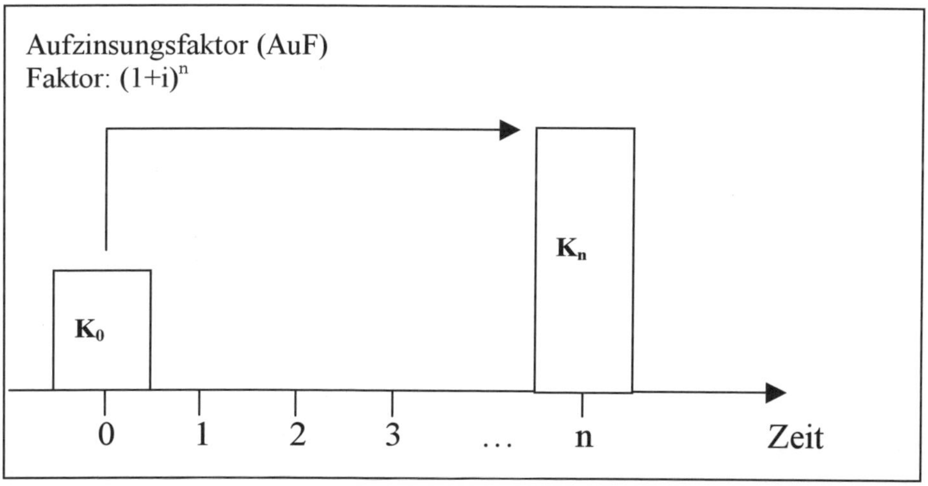

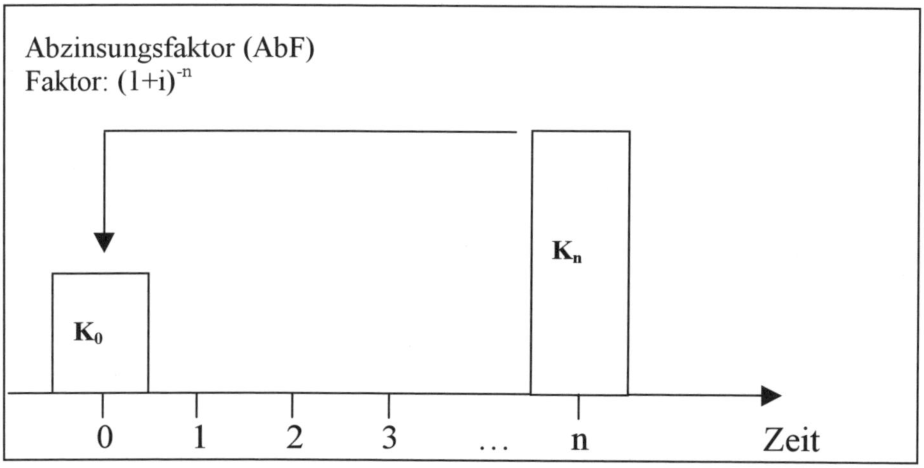

Diskontierungssummenfaktor (DSF)

Faktor: $\dfrac{(1+i)^n - 1}{i\,(1+i)^n}$

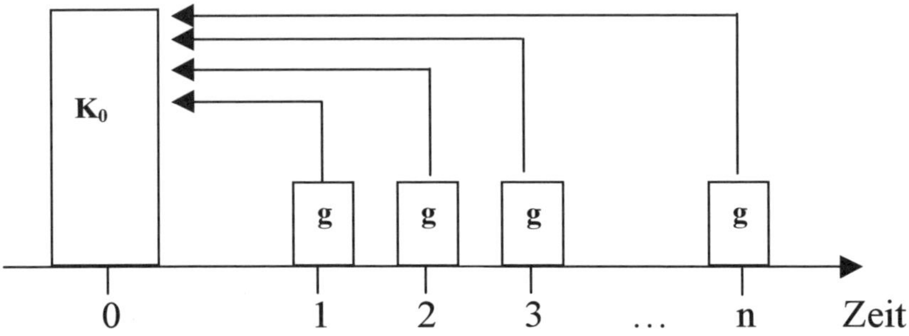

Endwertfaktor (EWF)

Faktor: $\dfrac{(1+i)^n - 1}{i}$

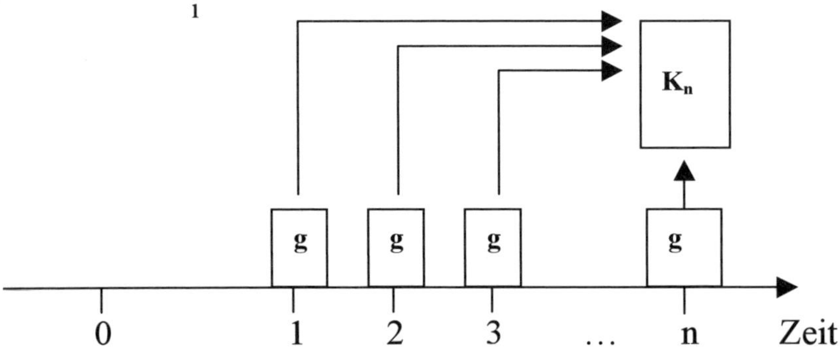

Kapitalwiedergewinnungsfaktor (KWF)

Faktor: $$\frac{i\,(1+i)^n}{(1+i)^n - 1}$$

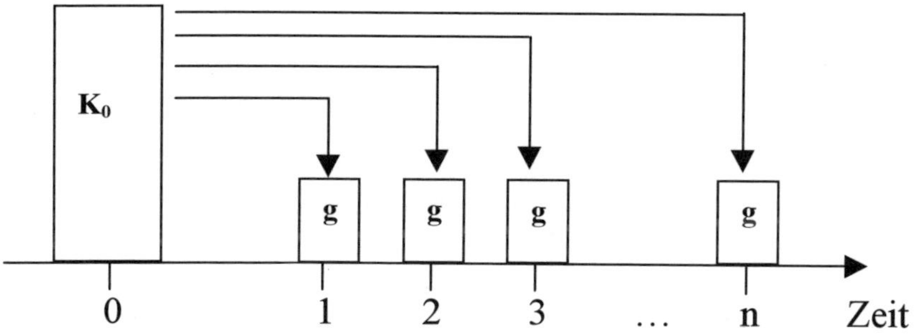

Restwertverteilungsfaktor (RVF)

Faktor: $$\frac{i}{(1+i)^n - 1}$$

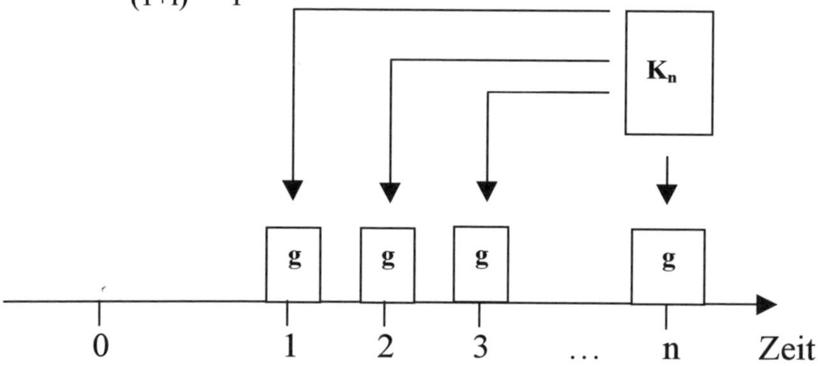

Finanzmathematische Tabelle

Die hier gewählte Darstellung des Tabellenwerkes versucht einige Schwächen üblicher Veröffentlichungen zu vermeiden. Die meisten Tabellenwerke enden nicht selten bei einem Zinssatz von 20 %, ja sogar 10 %. Die betriebliche Praxis verlangt allerdings auch höhere Prozentsätze. Daher bietet die auf der CD-ROM vorzufindende Datei die Möglichkeit, einen Prozentsatz Ihrer Wahl einzugeben. Außerdem werden im Vergleich zu klassischen Standardtabellenwerken die einzelnen Faktoren nicht getrennt voneinander, sondern nebeneinander ausgewiesen.

Es werden die wichtigsten sechs finanzmathematischen Faktoren dargestellt. Diese sind:

a) Aufzinsungsfaktor

b) Abzinsungsfaktor

c) Diskontierungssummenfaktor

d) Kapitalwiedergewinnungsfaktor

e) Endwertfaktor

f) Restwerverteilungsfaktor

Da im vorliegenden Fall ein eigenes Formular für die Preissteigerungen entwickelt wurde, wird auf die Tabellensammlung unter Berücksichtigung von Preissteigerungen verzichtet. Finanzmathematische Vorgänge können vor- (pränumerando) als auch nachschüssig (postnumerando) gerechnet werden. Im Rahmen der betrieblichen Investitionsrechnung wird stets nachschüssig gerechnet.

Im Folgenden wird das Muster der finanzmathematischen Tabelle dargestellt, welches sich auf der beiliegenden CD-ROM befindet:

Finanzmathematische Tabelle (nachschüssig):

		Zinsfuß:	4,0000	Prozent (%)		
n	AuF $(1 + i)^n$	AbF $(1 + i)^{-n}$	DSF $\frac{(1 + i)^n - 1}{i (1 + i)^n}$	KWF $\frac{i (1 + i)^n}{(1 + i)^n - 1}$	EWF $\frac{(1 + i)^n - 1}{i}$	RVF $\frac{i}{(1 + i)^n - 1}$
1	1,040000	0,961538	0,961538	1,040000	1,000000	1,000000
2	1,081600	0,924556	1,886095	0,530196	2,040000	0,490196
3	1,124864	0,888996	2,775091	0,360349	3,121600	0,320349
4	1,169859	0,854804	3,629895	0,275490	4,246464	0,235490
5	1,216653	0,821927	4,451822	0,224627	5,416323	0,184627
6	1,265319	0,790315	5,242137	0,190762	6,632975	0,150762
7	1,315932	0,759918	6,002055	0,166610	7,898294	0,126610
8	1,368569	0,730690	6,732745	0,148528	9,214226	0,108528
9	1,423312	0,702587	7,435332	0,134493	10,582795	0,094493
10	1,480244	0,675564	8,110896	0,123291	12,006107	0,083291
11	1,539454	0,649581	8,760477	0,114149	13,486351	0,074149
12	1,601032	0,624597	9,385074	0,106552	15,025805	0,066552
13	1,665074	0,600574	9,985648	0,100144	16,626838	0,060144
14	1,731676	0,577475	10,563123	0,094669	18,291911	0,054669
15	1,800944	0,555265	11,118387	0,089941	20,023588	0,049941
16	1,872981	0,533908	11,652296	0,085820	21,824531	0,045820
17	1,947900	0,513373	12,165669	0,082199	23,697512	0,042199
18	2,025817	0,493628	12,659297	0,078993	25,645413	0,038993
19	2,106849	0,474642	13,133939	0,076139	27,671229	0,036139
20	2,191123	0,456387	13,590326	0,073582	29,778079	0,033582
21	2,278768	0,438834	14,029160	0,071280	31,969202	0,031280
22	2,369919	0,421955	14,451115	0,069199	34,247970	0,029199
23	2,464716	0,405726	14,856842	0,067309	36,617889	0,027309
24	2,563304	0,390121	15,246963	0,065587	39,082604	0,025587
25	2,665836	0,375117	15,622080	0,064012	41,645908	0,024012
26	2,772470	0,360689	15,982769	0,062567	44,311745	0,022567
27	2,883369	0,346817	16,329586	0,061239	47,084214	0,021239
28	2,998703	0,333477	16,663063	0,060013	49,967583	0,020013
29	3,118651	0,320651	16,983715	0,058880	52,966286	0,018880
30	3,243398	0,308319	17,292033	0,057830	56,084938	0,017830
31	3,373133	0,296460	17,588494	0,056855	59,328335	0,016855
32	3,508059	0,285058	17,873551	0,055949	62,701469	0,015949
33	3,648381	0,274094	18,147646	0,055104	66,209527	0,015104
34	3,794316	0,263552	18,411198	0,054315	69,857909	0,014315
35	3,946089	0,253415	18,664613	0,053577	73,652225	0,013577
40	4,801021	0,208289	19,792774	0,050523	95,025516	0,010523
45	5,841176	0,171198	20,720040	0,048262	121,029392	0,008262
50	7,106683	0,140713	21,482185	0,046550	152,667084	0,006550
55	8,646367	0,115656	22,108612	0,045231	191,159173	0,005231
60	10,519627	0,095060	22,623490	0,044202	237,990685	0,004202

C Investitionsprozesse effektiv gestalten

Auf einen Blick:

⇒ Datenaufbereitung als Voraussetzung einer fundierten Investitionsanalyse.

⇒ Wege zur Ermittlung des passenden Kalkulationszinssatzes.

⇒ Den Investitionsplanungsprozess organisieren.

⇒ Organisationsrichtlinie – ein bewährtes Mittel in der Praxis.

1 Welche Daten sind relevant?

Die qualitative und quantitative Analyse des Datenmaterials stellt eine wesentliche Grundlage für die Investitionsentscheidung dar. Durch diese Darstellung sollen die relevanten Größen des Investitionsobjektes transparent gemacht werden, welche auf die Investitionsentscheidung einen Einfluss haben (können). Besonders wichtig ist im Rahmen der Ermittlung des Datenmaterials das Aufzeigen der Prämissen, unter denen man zu den jeweiligen Zahlen kommt.

Um den Erfordernissen einer praxisorientierten Investitionsentscheidung gerecht zu werden, können im Anschluss an die Datenaufbereitung mehrere dynamische Verfahren der Investitionsrechnung angewandt werden.

Primäres Ziel der Analyse eines Investitionsvorhabens ist es einerseits, dem Entscheidungsträger ein praktikables System (Konzept) zur Verfügung zu stellen, andererseits eine aussagefähige und umfassende Grundlage für die zu treffende Investitionsentscheidung in die Hand zu geben.

Ausgangspunkt für die Investitionsrechnung bilden die für den geplanten Zeitraum prognostizierten und dem Investitionsprojekt zuzurechnenden (bzw. durch dieses verursachten) Einzahlungen und Auszahlungen bzw. Einnahmen und Ausgaben (Grenzbetrachtung). Diese Begrifflichkeit (Einnahmen/Ausgaben) wird für Zwecke der praktischen Investitionsrechnung den Einzahlungen und Auszahlungen gleich gesetzt.

Entscheidungsrelevante vermiedene Auszahlungen können ebenfalls als Einzahlungen angesehen werden. Aufwendungen und Erträge, die keine Einzahlungen bzw. Auszahlungen verursachen, bleiben bei Anwendung der dynamischen Investitionsrechnung außer Ansatz. Als Grundsatz gilt: Nur die durch das Investitionsprojekt verursachten Auszahlungen und Einzahlungen finden Berücksichtigung.

Was gehört zur Investitionsanschaffungsauszahlung?

Die Investitionsanschaffungsauszahlungen für ein Projekt sind i. d. R. eher noch leicht zu erfassen. Dazu gehören die unmittelbaren aktivierungsfähigen (aber auch nicht aktivierungsfähigen) Investitionsausgaben inklusive der damit verbunden Nebenkosten wie Installation, Transport, Gutachten, Zölle etc. Bei selbsterstellten Anlagen wird man in der Praxis vereinfachend davon ausgehen, dass die Investitionsanschaffung dem aktivierungsfähigen Betrag der Eigenleistung entspricht.

Aus welchen Bestandteilen bestehen die Netto-Einnahmen?

Zu den laufenden Rückfluss- bzw. Überschussbewegungen zählen einnahmenseitig die erzielbaren Umsätze, sonstige Erlöse sowie ein eventueller Liquidationserlös – meist vermindert um die Abbruchkosten. Zu den laufenden Bewegungen ausgabenseitig zählen übliche Kategorien wie Zahlungen für Material, Energie, Personal, Instandhaltung sowie Sonstiges.

Welche Ausgaben sind nicht (mehr) entscheidungsrelevant (Sunk Costs)?

Im Zahlungsstrom sind grundsätzlich jene entscheidungsrelevanten Größen darzustellen, welche durch die Investition verursacht werden, d. h. Auszahlungs- und Einzahlungsseite hängen miteinander zusammen. Jedenfalls nicht unter die entscheidungsrelevanten Auszahlungen fallen jene Auszahlungen, die bereits vor der beabsichtigten Investition getätigt wurden („sunk costs“) und auch gemacht worden wären, wenn die Investition nicht durchgeführt würde, wie z. B.

- Allgemeine Forschungs- und Entwicklungskosten sowie
- Werbekosten für das gesamte Unternehmen.

Kostenfaktoren ohne Bedeutung (kalkulatorische Kosten)

Da bei der dynamischen Investitionsrechnung die zweckmäßigen Rechnungselemente die „Auszahlungen und Einzahlungen“ (nicht „Erlöse bzw. Kosten“) darstellen, sind auch kalkulatorische Kosten wie z. B.

- kalkulatorischer Unternehmerlohn
- kalkulatorische Zinsen
- kalkulatorische Abschreibungen
- kalkulatorische Miete etc.

nicht Gegenstand der Datenermittlung. Hier zeigt sich der Unterschied zur Kostenrechnung. Im Rahmen der Investitionsrechnung sind ausschließlich die liquiditätswirksamen Vorgänge von Bedeutung. Daher sind Einsparungen ebenfalls nur dann zu berücksichtigen, wenn dadurch tatsächlich eine liquiditätsmäßige Veränderung erwartet werden kann.

Was geschieht mit den Abschreibungen?

Eine Abschreibung ist die Verteilung der Anschaffungskosten auf die Jahre der Nutzungsdauer. Die Abschreibungen selbst – ob steuerrechtlich, handelsrechtlich oder kalkulatorisch – stellen im Rahmen der dynamischen Investitionsrechnung keine Auszahlung dar. Sie werden daher beim Zahlungsstrom der Investitionsrechnung nicht berücksichtigt.

Da die Abschreibungen allerdings als Aufwandsposition in der Gewinn- und Verlustrechnung Einfluss auf die Höhe der Ertragsteuern haben, sind diese bei der „Investitionsrechnung nach Steuern“ einzubeziehen.

Sollen Fremdkapitalzinsen bei den Auszahlungen berücksichtigt werden?

Im vorliegenden Modell dient als Ausgangsbasis zur Ermittlung des Mindestzinssatzes aus der Sicht des Investors der WACC-Ansatz (siehe dazu Seite 88).

Ziel der Investitionsrechnung ist es, die Vorteilhaftigkeit der gesamten Investition und nicht nur des eigen- oder fremdfinanzierten Teiles zu ermitteln. Die Berücksichtigung von Zinsen – egal ob für den eigen- oder fremdfinanzierten Teil – würde das Ergebnis je nach Finanzierungsart unvorteilhaft beeinflussen. Kalkulatorische Zinsen für den eigenfinanzierten Teil anzusetzen ist schon deshalb unzulässig, weil keine zahlungswirksame Komponente vorliegt. Da im vorliegenden Modell mit dem WACC-Ansatz gerechnet wird, entfällt ohnehin der separate Ausweis der Fremdkapitalzinsen.

Die Entsteuerung (= Gegenteil von besteuern, d. h. Fremdkapitalzinsen sind steuerlich abzugsfähig, daher kann der Steueranteil heraus gerechnet werden) der Fremdkapitalzinsen erfolgt bereits bei der Ermittlung des WACC.

Ein Land ohne Ertragsteuern?

Die meisten Analysen werden vor Steuern durchgeführt. Da jedoch in der Praxis die Ertragsteuern, vor allem bei internationalen Investitionsvergleichen, die Rendite maßgeblich beeinflussen können und zudem auch die Abschreibungen einen Einfluss auf die Ertragsteuern und in der Folge daher auch auf die Rentabilität der Investition haben, wurde für dieses Handbuch ein eigenes Berechnungsformular entwickelt.

Was tun mit Wertveränderungen im Zeitablauf?

Die der Investition zugrunde gelegten Werte können sich im Zeitablauf ändern und zwar z. B. durch Änderungen des Geldwertes oder auch der Preise. Meist wird in der Praxis von Kaufkraftparität ausgegangen. Dies ist dann der Fall, wenn die dem Investitionsobjekt zuzurechnenden künftigen Zahlungsströme mit dem zum Investitionszeitpunkt herrschenden Geldwert prognostiziert werden. Trifft dies nicht zu, wären die einzelnen jährlichen Jahresüberschüsse zunächst auf eine gleiche Geldwertparität umzurechnen, bevor man diese Zahlen in der eigentlichen Investitionsrechnung verwenden kann.

2 So wird der passende Kalkulationszinssatz ermittelt

Wenn eine Investition geplant wird, ist vor Durchführung der Investition jener Kalkulationszinssatz festzulegen, der von der Investition als Mindestzinsanforderung verlangt wird. Der Kalkulationszinssatz wird dabei als subjektive Mindestverzinsungsanforderung des Investors an ein Investitionsobjekt verstanden.

Der Zinssatz ist aber nicht geeignet, diesen mit sämtlichen, in der Theorie zum Teil kontrovers geführten Funktionen auszustatten bzw. zu belasten. Die Berücksichtigung der Geldwertverschlechterung und einer evtl. zusätzlichen Wertsteigerung sollte nicht implizit in Form einer Erhöhung des Kalkulationszinssatzes vorgenommen werden, da damit aufgrund der immanenten Prämisse der Wiederanlagemöglichkeit der erzielten Überschüsse z. B. riskante Investitionsobjekte – mit einem entsprechenden höheren Kalkulationszinssatz gerechnet – auch eine höhere rentable Wiederveranlagungsmöglichkeit unterstellen. Die der Investitionsrechnung zuzuführenden Zahlen sind bei Geldentwertungen (Inflation) vorher zu bereinigen.

Der so verstandene Kalkulationszinssatz kann nur die Aufgabe haben, die schon richtig ermittelten Überschussbeträge unterschiedlicher Perioden vergleichbar zu machen. Der anzuwendende Kalkulationszinssatz hat sich somit an den Kosten des überlassenen fremden Kapitals bzw. an den alternativen (auch externen) Anlagemöglichkeiten des Kapitals zu orientieren.

Kalkulationszinssatz bei Eigenfinanzierung

Bei der Festlegung des Kalkulationszinssatzes ist die Finanzierungsstruktur zu beachten. Bei vollständiger Eigenfinanzierung eines Investitionsvorhabens ist z. B. zu berücksichtigen, dass der Investor alternativ dazu die Finanzmittel am Kapitalmarkt veranlagen könnte. Daher kann aus der Sicht rationaler Überlegungen der subjektive Mindestzins i_e niemals kleiner sein als der Habenzinssatz einer bestimmten Kapitalmarktanlage.

Nun sind die der Investitionsrechnung bzgl. der zu erwartenden Größen wie Einzahlungen, der Nutzungsdauer, Restwert etc. mit Risiken behaftet. Dafür wird in der Praxis meist ein Risikozuschlag (z) angesetzt.

$$i_e \geq \text{Habenzinssatz} + z$$

Kalkulationszinssatz bei Fremdfinanzierung

Bei vollständiger Fremdfinanzierung orientiert sich die Mindestzinsanforderung am Sollzinssatz des Kapitalmarktes und kann daher nicht kleiner sein als der Zinssatz, den der Investor für das überlassene Fremdkapital bezahlen muss. Es gilt daher in diesem Falle:

$$i_f \geq \text{Sollzinssatz} + z$$

Sowohl beim Haben- als auch Sollzinssatz handelt es sich um jeweilige Untergrenzen, die der Investor für den Kalkulationszinssatz (Mindestzinssatz) veranschlagt.

Kalkulationszinssatz bei Mischfinanzierung

Im Falle der Mischfinanzierung kann ein gewichtetes Mittel (i_m) aus dem Kalkulationszinssatz für das Eigenkapital (i_e) und dem Kalkulationszinssatz für Fremdkapital (i_f) ermittelt werden:

$$i_m = \frac{EK * i_e + FK * i_f}{EK + FK} + z$$

Kalkulationszinssatz nach Opportunitätskosten

Unter Opportunitätskosten versteht man allgemein die Rendite der besten nicht gewählten Alternative (beste nicht gewählte Investitionsmöglichkeit). Dabei ist es gleichgültig aus welcher Quelle (Eigen- oder Fremdfinanzierung) das Geld kommt. Die Höhe dieses Zinssatzes besagt, dass der Investor – will er wirtschaftlich nicht benachteiligt sein – keinesfalls einen niedrigeren Zinssatz ansetzen dürfte.

Kalkulationszinssatz durch sonstige Festlegung

In der Praxis ist auch die so genannte „Hurdle Rate“ bzw. „Cut-off-Rate“ verbreitet, d. h. ein Investor bestimmt eine Mindestrendite, unter jener dieser nicht bereit ist, das entsprechende Investitionsvorhaben zu realisieren.

Kalkulationszinssatz nach WACC auf Grundlage des CAPM

Auf der Grundlage der Erkenntnisse, die aus der Portfolio-Theorie gewonnen wurden, kann mit Hilfe des CAPM (Capital Asset Pricing Model) erklärt werden, welchen Preis Investoren im Kapitalmarktgleichgewicht für die Übernahme von Risiko fordern.

Die wichtigsten CAPM-Prämissen gehen vom vollkommenen Kapitalmarkt aus und sind u. a.:

a) alle Marktteilnehmer sind risikoavers
b) die Erwartungen der Anleger sind homogen
c) einheitlicher Zinssatz für Guthaben und Kredite
d) Kapital steht unbeschränkt zur Verfügung ...

Aus den Renditeforderungen der Eigen- und Fremdkapitalgeber ergibt sich der Weighted Average Cost of Capital (*WACC*), deutsch: „der gewogene durchschnittliche Kapitalkostensatz."

Die Bestimmung der Eigenverzinsung erfolgt so, dass man – nach CAPM (Capital Asset Pricing Model) – als Sockel einen Marktzins auf risikofreie Anlagen am Kapitalmarkt nimmt. Dann ist die Marktrendite über einen längeren Zeitraum hinweg zu ermitteln (z. B. die durchschnittliche Rendite des Aktienmarktes).

Ein Beispiel: Beträgt die Verzinsung risikofreier Anlagen z. B. 5 % und die Marktrendite 10 %, so wäre die Risikodifferenz 5 %. Diese Risikodifferenz, auch Risikoprämie genannt, wird mit einem so genannten Beta-Faktor gewichtet. Der Risikofaktor (Beta-Faktor) entspricht dem Anstieg der linearen Regressionsgeraden und kann folgende vier typische Werte annehmen:

Legende: k_{rf} = risikofreier Zins

k_m = Rendite des Aktienmarktes (Marktrendite)

k_{ek} = Eigenkapitalkostensatz

β = Risikofaktor

Fall 1: ß = 0 krf = 4

Der Kurs eines konkreten Wertpapiers ist konstant und völlig unbeeinflusst von der Entwicklung des Aktienindex. Der Beta-Faktor ist gleich null, der Eigenkapitalkostensatz ist gleich dem risikofreien Anlagezinssatz.

Formel: $k_{ek} = k_{rf} + ß * (k_m - k_{rf})$ ==> $k_{ek} = 4+0 * (8 - 4) = 4{,}00\ \%$

Fall 2: ß = 1 krf = 4

Der Kurs eines konkreten Wertpapiers verläuft wie der Aktienindex. Der Beta-Faktor ist gleich eins, der Eigenkapitalkostensatz ist gleich der Rendite des Aktienmarktes.

Formel: $k_{ek} = k_{rf} + ß * (k_m - k_{rf})$ ==> $k_{ek} = 4+1 * (8 - 4) = 8{,}00\ \%$

Fall 3: ß >1 1,6787

Der Kurs eines konkreten Wertpapiers verläuft wie der Aktienindex, schlägt allerdings stärker aus. Der ß-Faktor ist größer als 1 (z. B. 1,6787), der Eigenkapitalkostensatz ist größer als die Rendite des Aktienmarktes.

Formel: $k_{ek} = k_{rf} + ß * (k_m - k_{rf})$ ==> $k_{ek} = 4+1{,}6787 * (8 - 4) = 10{,}71\ \%$

Fall 4: ß <1 0,5

Der Kurs eines konkreten Wertpapiers verläuft wie der Aktienindex, schlägt allerdings schwächer aus. Der β-Faktor ist kleiner als 1 (z. B. 0,5), der Eigenkapitalkostensatz liegt zwischen dem risikofreien Anlagezinssatz und der Rendite des Aktienmarktes.

Formel: $k_{ek} = k_{rf} + ß * (k_m - k_{rf})$ ==> $k_{ek} =$ 4+0,5 * (8 – 4) = 6,00 %

Die Beta-Faktoren werden regelmäßig durch Investmentbanken, Analystenfirmen und sonstigen Instituten veröffentlicht. Der Beta-Faktor drückt also aus, inwieweit der Kurs der eigenen Aktie stärker oder schwächer schwankt als z. B. der Index eines Aktienmarktes.

Methodisch ist dieser Ansatz nicht viel anders zu beurteilen als der klassische kalkulatorische Zins. Auch dieser in den Kosten eingefügte Zins stellt Opportunitätskosten dar. Die Frage lautet: Wie viel könnte das Unternehmen auf dem Kapitalmarkt an Zinserträgen (Überschüssen) erzielen, anstatt das Geld in die eigene Unternehmung zu investieren. Diese mögliche entgehende Rendite aus den Zinserträgen wird bei diesem Modell als Opportunitätskosten berücksichtigt.

Weiter ist für die konkrete Anwendung noch zu beachten (siehe Kapitel Fallstudie), dass die veröffentlichten Beta-Faktoren zum Teil als levered und zum Teil als unlevered (=100 % Eigenfinanzierung) publiziert werden. Außerdem sind mehrere Berechnungsmöglichkeiten im Formular enthalten (Methode nach Copeland und Stewart) – jeweils vor bzw. nach Steuern.

Wie dargestellt, gibt es für die Bestimmung des Kalkulationszinssatzes als Mindestzinssatz verschiedene Möglichkeiten. Für eine dieser Methoden muss sich der Investor entscheiden.

Obwohl sämtliche oben angeführten Berechnungsmöglichkeiten für die Bestimmung des Kalkulationszinssatzes in der Praxis denkbar sind, wurde das Formular-Setting auf Basis des WACC-Ansatzes erstellt. Es steht aber jedem Benutzer frei, dies in den mitgelieferten Excel-Tabellen zu ändern.

3 Der Investitionsplanungsprozess – ein Beispiel aus der Praxis

Strukturierung des Prozesses mit Organisationsrichtlinien

Organisationsrichtlinien dienen der praktischen Gestaltung eines reibungslosen Ablaufes bestimmter Vorhaben. Solche Richtlinien können daher verschiedenste Bereiche regeln wie z. B. auch den Investitionsbereich. Grundsätzlich sind dabei folgende Kriterien zu berücksichtigen:

a) Sachgebiet/Verantwortungsbereich
b) Geltungsbereich/Zielsetzung
c) Durchführungshandhabung
d) Wirksamkeit/Gültigkeit
e) Zu verwendende Formulare/Dateien

Nachstehend zur Illustration eine Muster-Richtlinie, die in einem Betrieb praktische Verwendung findet.

R I C H T L I N I E N (Muster)

Ausgegeben von:	
Ergeht an:	

Sachgebiet:	ANLAGEVERMÖGEN
Betrifft:	Investitionen

1) Geltungsbereich und Zielsetzung

Diese Richtlinien beziehen sich auf Investitionen im Bereich des Anlagevermögens sowie auf die in diesem Zusammenhang notwendigen Folgeinvestitionen im Umlaufvermögen und sonstigen durch die Investition verbundene Ausgaben. Sie schließen Miet- und Leasingverträge mit ein. Ziel und Zweck der Investitionsrechnung ist es, vor der Entscheidung über eine Investition die voraussichtliche Auswirkung auf das Ergebnis und die Liquidität des Unternehmens überschauen zu können. Dies wird am besten durch eine Investitionsrechnung erreicht. Die Investitionsrechnung soll jedenfalls Aufschluss geben über

1. jährliche barwertige Gewinne oder Kosteneinsparungen,
2. Rendite,
3. Amortisationszeit (dynamisch),
4. Kritische Werte.

2) Durchführung der Investitionsrechnung

Die jeweilige Wirtschaftlichkeitsrechnung wird von der Abteilung Controlling durchgeführt. Zur einheitlichen Regelung des Ablaufes erforderlicher Investitionen wird Folgendes festgehalten:

a) Im Rahmen der jährlichen Budgetierung werden von allen Abteilungen die voraussichtlich erforderlichen Investitionen sowie Geringwertige Wirtschaftsgüter GWG je Kostenstelle mittels eines eigenen Formblatts an die Abteilung Controlling bekannt gegeben.

Darin werden auch der geplante Verwendungszweck und die Investition selbst mit einem eigenen Formblatt beschrieben (siehe Investitionsformulare). Termin: 30.11. jeden Jahres. Zuständig sind die jeweiligen Abteilungsleiter.

b) Die jeweiligen Abteilungsleiter fassen alle Einzelinvestitionen zu einem Gesamtbudget je Kostenstelle, unterteilt nach Investitionsarten, zusammen.

c) Die Anträge zur Freigabe von Investitionen, die im Budgetplan des Budgetjahres enthalten sein sollen, sind inkl. einer schriftlichen Begründung seitens der Abteilungsleiter an die Geschäftsleitung zu richten und abzeichnen zu lassen. Nicht genehmigte Anträge sind in das Budget nicht aufzunehmen. Vorläufig genehmigte sind in das Budget aufzunehmen.

d) Investitionen, die nicht im Budgetplan enthalten sind, bedürfen zur Umsetzung der Zustimmung seitens der Geschäftsleitung im Rahmen einer separaten Geschäftsleitungssitzung. Es gilt jedoch dieselbe Antragsabwicklung wie bisher beschrieben.

e) Alle Auftragserteilungen von Investitionen sind durch die jeweiligen Geschäftsleitungsmitglieder zu tätigen. Auftragserteilungen dürfen nur bei endgültig genehmigten Investitionen veranlasst werden. Im Einzelfall behält sich die Geschäftsleitung bei größeren Projekten vor, einen Projektbeauftragten für die Gesamtabwicklung zu benennen.

Generell ist vor Auftragserteilung folgende Anzahl von Angeboten einzuholen:

Bei einem Anschaffungswert >= 10.000 € und <= 30.000 €	Mindestens 1 Angebot
Bei einem Anschaffungswert > 30.000 € und <= 100.000 €	Mindestens 2 Angebote
Bei einem Anschaffungswert von größer 100.000 €	Mindestens 3 Angebote

f) Geringwertige Wirtschaftsgüter fallen ebenfalls unter diese Richtlinie. Diese werden im Rahmen der Kostenstellenplanung mit einem eigenen Formblatt budgetiert und gelten im Rahmen der Budgetgenehmigung als anerkannt.

g) Für das gesamt Prozedere der Investitionsplanung bis zur Investitionsrechnung gelten die dafür vorgesehenen Formulare als verbindlich (siehe Investitionsformulare).

h) Für die Durchführung von Investitionsrechnungen gelten folgende Betragsgrenzen:

Bei einem Anschaffungswert <= 100.000 €	Investitionsbeschreibung ohne Investitionsrechnung
Bei einem Anschaffungswert > 100.000 € u. <= 300.000 €	Investitionsbeschreibung sowie einfache Investitionsrechnung
Bei einem Anschaffungswert von größer 300.000 €	Investitionsbeschreibung sowie vollständige Investitionsanalyse

i) Bei Investitionen, deren Nutzen nicht quantifizierbar und eine Investitionsrechnung daher nicht möglich ist, jedoch trotzdem einen Nutzen stiften, ist eine Nutzwertanalyse zu erstellen. Diese erfolgt gemeinsam mit der Abteilung Controlling.

j) Der Kalkulationszinssatz nach WACC auf Grundlage des CAPM wird quartalsweise gesondert bekannt gegeben.

k) Diese Richtlinie tritt mit sofortiger Wirkung in Kraft.

Ort, Datum Geschäftsleitung

Investitionsplanungsprozesses nach Muster-Richtlinie

Genehmigungsverfahren für im Plan enthaltene Investitionen (Muster-Richtlinie)

(Prämisse: Investition im Plan enthalten)

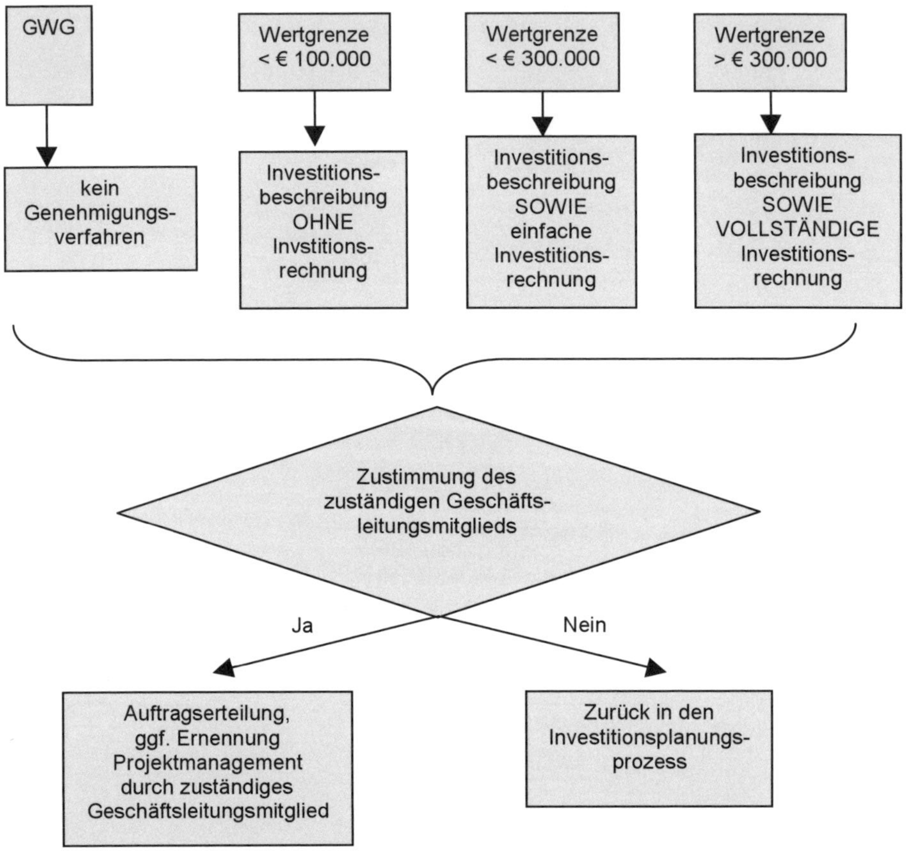

Investitionsbudget 2004 **Bereich: Zentrale Dienstleistungen**

Z	Sach-konto	Kosten-stelle	Budget Nr.	Linie	Stand-ort	geneh-migt	Priori-tät (A,B,C)	Investi-tionsart	Bezeichnung	Grund, Ziel, Nutzen, Verwendung
1	2	3	4	5	6	7	8	9	10	11
1										
2										
3										
4										
5										
6										
7										
8										
9										
10										
11										
12										
13										
14										
15										
16										
17										
18										
19										
20										
21										
22										
23										
24										
25										
26										
27										
28										
29										
30										
31										
32										

Investitionsbudget 2004 **Bereich: Zentrale Dienstleistungen**

	Wird automatisch erstellt!							*Zahlungszeitraum (Währung: Euro)*						
Z	*Sach-konto*	*Kosten-stelle*	*Budget Nr.*	*Inbetrieb-nahme 0/1/2. Hj*	*ND i J*	*AK* Anschaffungs-kosten	*Vorperiode*	*Budget gesamt*	*1. Quartal*	*2. Quartal*	*3. Quartal*	*4. Quartal*	*Folge-periode*
12	13	14	15	16	17	18	19	20	21	22	23	24	25
1													
2													
3													
4													
5													
6													
7													
8													
9													
10													
11													
12													
13													
14													
15													
16													
17													
18													
19													
20													
21													
22													
23													
24													
25													
26													
27													
28													
29													
30													
31													
32					*Summen*	0	0	0	0	0	0	0	0

D Fallstudie: Investitionsrechnung

Auf einen Blick:

Die Fallstudie orientiert sich an Aufgabenstellungen, die aus der Praxis entstanden sind:

⇒ Sie gibt einen Überblick über das Gesamtspektrum der für dieses Handbuch konzipierten Auswertungs- und Analysemöglichkeiten.

⇒ Sie zeigt die Verwendung der Vorlagen anhand konkreter Zahlen und erleichtert so das Nachvollziehen der Aufgabenstellungen und Lösungen.

⇒ Mit Hilfe der Fallstudie soll der Anwender Schritt für Schritt auf die persönliche Nutzung des Systems vorbereitet werden.

⇒ Die Unterlagen sind so aufgebaut, dass diese ein optimales Kommunikations- und Präsentationsmittel darstellen.

⇒ Wertvolle Hinweise erleichtern das Verständnis hinsichtlich der Wirtschaftlichkeitsprüfung.

1 Problemstellung

Ein traditionelles Industrieunternehmen aus der Textilbranche überlegte sich im Zuge der Expansion die Anschaffung einer neuen Produktionsanlage am vorhandenen Standort, um den verschiedenen Marktbedürfnissen gerecht zu werden. Die Ziele dieser Investition waren:

- Kostenführerschaft
- Erreichung einer höheren Produktivität
- Absicherung der Nachfrage durch den Markt
- Erfüllung unterschiedlicher Bedürfnisse des Marktes (Qualität, Größen etc.)

Nach jahrelangen Entwicklungsarbeiten, welche Kosten von 150.000 € verursachten, gelang es – gegenüber vergleichbaren Produktionsmaschinen der Konkurrenz – eine wesentlich verbesserte Anlage mit höherer Flexibilität, besserer Qualität sowie einer höheren Produktivität in Auftrag geben zu können. Auf der neuen Anlage konnten erstmals Gummibänder in verschiedenen Größen, Stärken und Qualitäten hergestellt werden. Die gesamtwirtschaftliche Lage bzw. Krise in der Textilindustrie veranlasste die Geschäftsführung im Herbst 2002, also vor Beginn der Investition, eine Wirtschaftlichkeitsrechnung des Investitionsprojektes anzustellen. Mit Hilfe sämtlicher dynamischer Verfahren wurde vom Controller des Unternehmens in Zusammenarbeit mit einem externen Beratungsunternehmen eruiert, ob die Investition unter den gegebenen Prämissen sich als lohnend darstellt. Nur in diesem Fall sollte das umfangreiche Investitionsprojekt, das neben Risiken auch gewaltige Chancen in sich barg, realisiert werden.

Der Planungsbeginn war Februar 2003. Die Fertigstellung bzw. Inbetriebnahme sollte im Monat November 2003 erfolgen. Die Nutzungsdauer wurde mit 6 Jahren angenommen.

Ausgangsdaten

- **Investitionsanschaffungsauszahlung**

Für die Anschaffungsauszahlung fallen gemäß ersten Einschätzungen und Gesprächen mit möglichen Lieferanten im Herbst 2003 1.490.000 € an. Die Finanzierung erfolgt mit 40 % bzw. 389.000 € Eigenmittel und 60 % bzw. 1.101.000 € Fremdmittel. In dieser Summe sind auch die Anschaffungsnebenkosten wie Bezugskosten, Montage und Inbetriebnahme samt den Tests enthalten.

- **Auszahlungen für variable Material- und Fertigungskosten:**

Die Berechnungen dieser Ausgaben erfolgt aufgrund genauer Mengenschätzungen und ergeben in € folgendes Bild:

	Gesamt 1.-6. Jahr	1. Jahr	2. Jahr	3. Jahr	4. Jahr	5. Jahr	6. Jahr
Material	2.623.368	376.200	401.280	424.688	451.440	484.880	484.880
Fertigung	524.674	75.240	80.256	84.938	90.288	96.976	96.976
Gesamt	3.148.042	451.440	481.536	509.626	541.728	581.856	581.856

- **Ausgaben für Fixkosten**

Weiterhin entstehen zusätzliche ausgabenwirksame Fixkosten die im Wesentlichen Personalkosten, aber auch Sachkosten wie z. B. Versicherungen etc. beinhalten. Die Zuteilung auf die betrieblichen Verantwortungsbereiche sieht wie folgt aus:

	Gesamt 1.-6. Jahr	1. Jahr	2. Jahr	3. Jahr	4. Jahr	5. Jahr	6. Jahr
Fixkosten	180.000	30.000	30.000	30.000	30.000	30.000	30.000

- **Absatz**

Einer Marktstudie zufolge wird damit gerechnet, dass deutliche Umsatzzuwächse (brutto) erwartet werden können. Die aus der Studie entnommenen Zahlen weisen folgende Werte aus:

	Gesamt 1.-6. Jahr	1. Jahr	2. Jahr	3. Jahr	4. Jahr	5. Jahr	6. Jahr
Menge (Stück)	8.629.500	1.237.500	1.320.000	1.397.000	1.485.000	1.595.000	1.595.000
Umsatz (€)	7.845.000	1.125.000	1.200.000	1.270.000	1.350.000	1.450.000	1.450.000

Für Rabatte können erfahrungsgemäß 5 % angesetzt werden, für Skonti 1,5 %. Die Frachtkosten pro Produktionseinheit (Stück) ist mit 0,05 € anzunehmen.

- **Mindestzinssatz**

Der Mindestzinssatz aus der Sicht des Investors richtet sich nach dem CAPM-Modell. Folgende Angaben stehen zum Zeitpunkt der Durchführung der Investitionsrechnung fest:

Der längerfristige Branchen-Beta-Faktor (levered) beträgt 1,07

Im Beta-Faktor enthalten ist
- ein Durchschnittssteuersatz von 37,89 %
- ein Fremdkapitalanteil (Marktwert) von 31,13 %

Für die Ermittlung des Mindestzinssatzes geht man weiterhin von folgenden Werten aus:
- Ertragsteuersatz 34 %
- Zinsen für Fremdkapital 6,0 %
- Risk Free Rate (risikofreier Anlagezinssatz) 5,5 %
- Eigenkapital (Marktwert) 80 %
- Market Risk Premium (Marktrisiko-Prämie) 6,0 %

Auf den sodann errechneten Zinssatz wird keine weitere Korrektur vorgenommen.

- **Weitere wichtige Angaben zur Wirtschaftlichkeitsrechnung**

Nachdem für die Berechnung auch die Baldwin-Methode herangezogen werden soll, gelten hiefür folgende Zinssätze:

- Kalkulationszinssatz für Auszahlungen 4,0 %
- Kalkulationszinssatz für Einzahlungen 3,0 %

Für die Anwendung der verfeinerten Baldwin-Methode – betreffend der Einzahlungsströme – gelten folgende Zinssätze:

Jahr 1: 3 %	Jahr 2: 3 %	Jahr 3: 3 %
Jahr 4: 3,5 %	Jahr 5: 3,5 %	Jahr 6: 3,5 %

Für die Anwendung der verfeinerten Baldwin-Methode – betreffend der Auszahlungsströme – gelten folgende Zinssätze:

Jahr 1: 4 %	Jahr 2: 4 %	Jahr 3: 4 %
Jahr 4: 4,5 %	Jahr 5: 4,5 %	Jahr 6: 4,5 %

Der reale Restwert (Veräußerungswert) verringert sich pro Jahr um 1/6.

Abschreibungsdauer 6 Jahre (von einer Halbjahresabschreibung im Basisjahr wird aus Gründen der Einfachheit abgesehen. Die Abschreibungen beginnen daher im Jahr 1.

Restwert am Ende der Nutzungsdauer „null“.

Die maximal zulässige Amortisationszeit (dynamisch – vor Steuern) beträgt 4 Jahre.

Für die Ermittlung der Break-even-Analysen sind die Größen:

- durchschnittlicher Verkaufspreis pro Einheit
- durchschnittliche Preisminderungen pro Einheit sowie
- die durchschnittlichen Auszahlungen pro Einheit

zu ermitteln.

In der Vergangenheit verursachte Entwicklungskosten im Ausmaß von 150.000 € sind nicht mehr entscheidungsrelevant. Diese dürfen nicht in – auf die Zukunft ausgerichtete – Wirtschaftlichkeitsüberlegungen einfließen.

Aufgabe:

Prüfen Sie die Vorteilhaftigkeit nach den bekannten dynamischen Investitionsrechnungsverfahren.

Ermitteln Sie die Ergebnisse, wenn mit einer Preissteigerungsrate von 1 % gerechnet wird.

Führen Sie eine Dreifachrechnung durch (bester, wahrscheinlicher bzw. schlechtester Fall), bei der angenommen wird, dass sich sowohl die Anschaffungsauszahlung, der Kalkulationszinssatz, die jährlichen Auszahlungen sowie die jährlichen Einzahlungen um jeweils ±10 % ändern.

Führen Sie auch eine Zielgrößenänderungsrechnung (ein Parameter wird verändert) durch – ebenfalls mit einer Änderungsrate von 10 %.

Zur Beurteilung des Risikos ist die kritische Anschaffungsauszahlung, die kritische Nutzungsdauer sowie die kritische Menge nach der Annuitätenmethode und der Kapitalwertmethode zu ermitteln.

Geldentwertungen sind keine vorzunehmen, da von einer Kaufpreisparität ausgegangen wird.

Die Steuerzahlungen sind proportional und enthalten keine Freibeträge.

Die indirekten Steuern bleiben bei den Zahlenangaben unberücksichtigt, d. h. dass die Zahlungsströme ohne Umsatzsteuer dargestellt werden.

Öffentliche Investitionsförderungen (-zuschüsse) werden keine erwartet.

Die Vorteilhaftigkeit ist am Barwert bzw. am internen Zinsfuß zu messen.

Hinweis:

Sollten aus Ihrer Sicht weitere Angaben zur Lösung der Aufgabe fehlen, so ergänzen Sie diese aufgrund Ihrer logischen, plausiblen und realistischen Sichtweise bzw. Ihrer Erfahrungen.

2 Formulare und Arbeitsblätter

Auf den folgenden Seiten wird der Lösungsansatz der Fallstudie anhand der einzelnen Formulare* und Arbeitsblätter vorgestellt.

* Bzgl. der optischen Gestaltung einiger Formblätter wurde der Autor von Däumler (s. Literaturliste) inspiriert.

Investitions- und Wirtschaftlichkeitsanalyse

Firma: N.N.

Name des Investitionsobjekts:

Produktionsanlage "NEU"

Verteiler:

* Aufsichtsratsmitglieder
* Vorstandsmitglieder
* Leitung Controlling
* Leitung Finanzwesen
* Wirtschaftsprüfer
* Projektmitglieder

Ort, **Datum,** Version 1.0

Grundsätzliche Nutzungshinweise

⇒ In wichtigen Fällen wurden bei den einzelnen Feldern (Zellen) der Berechnungstabellen Kommentare eingefügt.

⇒ Es ist stets möglich, neue Tabellen einzufügen, bestehende zu löschen bzw. auszublenden sowie neue Verknüpfungen zu erstellen.

⇒ Es wird empfohlen, bestehende Formeln und Verknüpfungen nicht zu verändern, da ansonsten wegen des Komplexitätsgrades evtl. Fehler entstehen könnten.

⇒ Sollte eine Tabelle auf einen der installierten Drucker nicht optimal abgestimmt sein, so kann auch die Spaltenbreite und/oder Zeilenhöhe nach individuellen Erfordernissen angepasst werden.

⇒ Die *grün* gestrichelt umrandeten Felder sollten grundsätzlich nicht überschrieben werden. Die in diesen Feldern enthaltenen Formeln wurden so gestaltet, dass eine Editierung nur in Ausnahmefällen erforderlich ist.

⇒ Die *lila* umrandeten Felder sind Eingabefelder, die auch für weitere Formeln bzw. Verknüpfungen verwendet werden können. Standardmäßig sind einige Verknüpfungen vorgegeben, die allerdings geprüft und nach eigenen Bedürfnissen angepasst werden müssen.

⇒ Grundsätzlich sind die Tabellen ohne Code geschützt. Der Schutz kann daher bei jedem einzelnen Arbeitsblatt jederzeit aufgelöst werden.

Die Tabellen wurden so aufgebaut, dass zuweilen auf eine mögliche, bzw. vorteilhafte Verknüpfung zugunsten der Flexibilität und Übersicht verzichtet wurde. Eine genaue Durchsicht der Rechentabellen ist daher – jedenfalls bei erstmaliger Anwendung – unerlässlich.

Inhaltsverzeichnis

Präsentationsdeckblatt und Inhaltsverzeichnis

Jede ordentliche Präsentation braucht eine erste Seite. Auch wenn sich die Angaben je nach Unternehmen unterscheiden können, wird dennoch eine standardisierte Vorlage mitgeliefert.

⇒ Das Inhaltsverzeichnis wurde so gestaltet, dass jederzeit die Möglichkeit besteht, die Seitenanzahl nach individuellen Bedürfnissen anzupassen.

⇒ Auch ist es möglich, einzelne Zeilen zu löschen, bzw. neue Zeilen hinzuzufügen, denn von der Art, Größe und dem Umfang hängt es ab, wie umfangreich die Analyse sein soll. Nicht immer ist eine vollumfängliche Auswertung sinnvoll bzw. notwendig.

⇒ Veränderungen von Schriftgrößen und andere generelle Änderungen des Layouts können jederzeit vorgenommen werden. Dazu ist zunächst der Blattschutz aufzuheben und dann die gewünschte Änderung durchzuführen.

⇒ Falls Berechnungsblätter zusätzlich eingefügt bzw. gelöscht (ausgeblendet) werden, sollte das Inhaltsverzeichnis unbedingt angepasst werden.

Symbole

Z	Symbol	Erläuterung
1	*	multipliziert
2	/	dividert
3	% bzw. invH	in Prozenten
4	€	Währung EUR
5	a	Auszahlungen
6	Σ	Summe
7	AbF	Abzinsungsfaktor
8	∅	Durchschnitt
9	A_o	Barwert der Auszahlungen
10	AuF	Aufzinsungsfaktor
11	BA	Barwert der Ausgaben
12	BW	Barwert
13	C_n	Horizontwert
14	C_o	Kapitalwert / Barwert
15	DJA	∅ jährliche Auszahlungen
16	DJE	∅ jährliche Einzahlungen
17	DJÜ	∅ jährlicher Überschuss
18	DSF	Diskontierungssummenfaktor
19	e	Einzahlungen
20	EE	Endwert der Einnahmen
21	E_o	Barwert der Einzahlungen
22	EWF	Endwertfaktor
23	i	Kalkulationszinssatz (Mindestzinssatz)
24	i_a	Baldwin-Kalkulationszins für Auszlg.
25	i_e	Baldwin-Kalkulationszins für Einzlg.
26	KWF	Kapitalwiedergewinnungsfaktor
27	ND bzw. n	Nutzungsdauer
28	NE	Nettoeinzahlungen
29	p	Preissteigerungsrate
30	r	interner Zinsfuß

Z	Symbol	Erläuterung
31	R bzw. RW	Restwerterlös
32	r_B	Baldwin-Zins
33	RVF	Restwertverteilungsfaktor
34	s	Steuersatz
35	T €	Währung in Tausend EUR
36	t_{max}	max. Amortisationsdauer dynamisch

Abkürzungen

Z	Abkürzung	Erläuterung
1	AfA	Abschreibungen für Abnutzung
2	ähnl	ähnlich
3	altern	alternativ
4	ARA/DSD	Abfallrecycling
5	Aufw	Aufwand (Aufwendungen)
6	ausg	ausgenommen
7	B + G	Betriebs- und Geschäftsausstattung
8	CAPM	Capital Asset Pricing Model
9	DB	Deckungsbeitrag
10	div	dividiert
11	dyn	dynamische
12	e	eines
13	EDV	Elektronische Datenverarbeitung
14	EK	Eigenkapital
15	f	für
16	FK	Fremdkapital
17	FL	Fertigungslöhne
18	Gew	Gewinn
19	Gwg	geringwertige Wirtschaftsgüter
20	inkl.	inklusive
21	J	Jahre
22	jährl	jährlich
23	LKW	Lastkraftwagen
24	max	maximal
25	Mind	mindest
26	n	nach
27	PE	Produktentwicklungen
28	Pj	Projekt
29	PKW	Personenkraftwagen
30	RBW	Restbuchwert

Z	Abkürzung	Erläuterung
31	Rent.	Rentabilität
32	so	sonstige
33	sog	sogenannte
34	SW	Software
35	u	und
36	var	variabel
37	Verl	Verlust
38	Verz	Verzinsung
39	VK	Verkauf(s)
40	WACC	Weighted average cost of capital
41	Z	Zeile bzw. Ziffer

Formeln

1 Kapitalwertfunktion:

$$C_o = E_o - A_o$$

$$C_o = (e - a) * DSF + R * AbF - A$$

$$C_o = (e - a) * \frac{(1+i)^n - 1}{i\,(1+i)^n} + R * (1+i)^{-n} - A$$

falls die jährlichen Zahlungen nicht konstant sind gilt:

$$C_o = (e_1 - a_1) * AbF_1 + (e_2 - a_2) * AbF_2 + \ldots (e_n - a_n + R) * AbF_n - A$$

bei unbegrenzter Laufzeit gilt: 1 / i = DSF

$$C_o = (e - a) * \frac{1}{i} - A$$

2 Annuitätenfunktion:

$$DJÜ = DJE - DJA$$

$$DJÜ = C_o * KWF_n \quad \text{-->} \quad KWF = \frac{i\,(1+i)^n}{(1+i)^n - 1}$$

$$DJE = e + R * \frac{i}{(1+i)^n - 1} = e + R * RVF$$

$$DJA = a + A * \frac{i\,(1+i)^n}{(1+i)^n - 1} = a + A * KWF$$

Formeln

3 **Regula falsi**

$$r = i_1 - C_{o,1} * \frac{i_2 - i_1}{C_{o,2} - C_{o,1}}$$

4 **Ewige Rente und restwertgleiche Anschaffungsauszahlung**

$$r = \frac{(e - a)}{A}$$

5 **Fall: Restwert "0"**

$$r = \frac{A}{(e - a)} = \frac{(1 + r)^n - 1}{r(1 + r)^n}$$

--> siehe DSF in Tabelle

6 **Zweizahlungsfall**

$$r = \sqrt[n]{\frac{R}{A}} - 1$$

bzw. $r = (R / A)^{(1/n)} - 1$

7 **Baldwin-Methode**

$$r_B = \sqrt[n]{\frac{EE}{BA}} - 1$$

Verzeichnis der Symbole, Abkürzungen und Formeln

⇒ Das Symbol-/Abkürzungs- und Formelverzeichnis dient der besseren Verständlichkeit und Lesbarkeit.

⇒ Im Formelverzeichnis wurden jeweils nur die wichtigsten Formeln aufgenommen. Diese sollten der Transparenz und v. a. der besseren Kommunikation dienen. Die Rechentabellen sind so aufgebaut, dass eine größtmögliche Nachvollziehbarkeit der einzelnen Rechenschritte gewährleistet wird und eine Konzentration auf die Darstellung der wesentlichsten Formeln ausreicht.

⇒ Darüber hinaus sei auf die Darstellung und Beschreibung der finanzmathematischen Faktoren in diesem Buch verwiesen.

⇒ Weiterhin ist auf der beiliegenden CD-ROM eine finanzmathematische Tabelle abgespeichert.

⇒ Mit den gängigen finanzmathematischen Faktoren können (fast) alle investitionsrechnerischen Probleme im Berufsalltag gelöst werden.

Erläuterung einiger wichtiger finanzmathematischer Formeln in Excel

IKV : Ermittelt den internen Zinsfuß einer Investition.

Vorgang:

1. Eingabe der Werte (Werte = eine Matrix von Zellen oder ein Bezug auf Zellen, in denen die Zahlen stehen, für die Sie den internen Zinsfuß berechnen möchten).
2. Schätzwerteingabe (Schätzwert ist eine Zahl, von der Sie annehmen, dass sie dem Ergebnis der Funktion nahe kommt.) Wenn der Parameter fehlt, wird 0,1 (=10%) angenommen.

Diese Formel vollzieht eine gewisse Anzahl von Iterationsschritten. Sollte beim Laden der Datei eine Meldung erscheinen, dass Zirkelbezüge vorliegen, so ist die Aktivierung des Feldes „Iteration“ unter der Menüzeile „Extras“ – Optionen – Berechnung – durch Setzen eines Häkchens erforderlich. Grundsätzlich reicht eine maximale Iterationszahl von 100 mit einer maximalen Änderung von 0,001 aus.

RMZ: Gibt die konstante Zahlung einer Annuität pro Periode wider.

Vorgang:

1. Zins: Eingabe des Zinssatzes pro Periode
3. Laufzeit: Eingabe der Anzahl der Perioden
3. Barwert: Der Gesamtbetrag, den eine Reihe zukünftiger Zahlungen zum gegenwärtigen Zeitpunkt wert ist.

BW: Gibt den Barwert einer Investition wider.

Vorgang:

1. Zins: Eingabe des Zinssatzes pro Periode
2. Laufzeit: Eingabe der Anzahl der Perioden
3. Annuität: Eingabe der konstanten Annuität, die in jeder Periode bezahlt wird.

Investitionsvorhaben

Projektziele:	a) Höhere Produktivität der Anlage. b) Beitrag zur strategischen Zielsetzung der "Kostenführerschaft" c) Absicherung der mengenmäßigen Nachfrage seitens des Marktes d) Erfüllung unterschiedlicher Kundenbedürfnisse (Größen, Qualitäten etc.)
Projektteam:	ProjektleiterIn: N.N.; Produktionsleitung, Vertriebsleitung, Finanzleitung.
Projektstart:	Februar 2003 — **Projektende:** November 2003 — **Projektdauer:** 10 Monate
Geschätzter Zeitaufwand zur Realisierung:	560 Stunden gesamt
Bereits begonnene Aktivitäten:	Einholung diverser Angebote; Vorgespräche bzgl. Realisierungschance des Projektes; Erste Gespräche mit Finanzierungspartner; Kontakte zu Leasinggesellschaften; Vorauswahl möglicher Lieferanten

Art der Investition:	x	Neu- /Erweiterungsinvestition		Zwangsinvestition
		Ersatz-/Rationalisierungsinvestition		Sonstige Investition

Investition ist:	x	zwingend notwendig		dringend erwünscht		kann zurück gestellt werden

Finanzierung gesichert durch:	Eigenmittel	389.000	€	=	26,1	%
	Öffentliche Zuschüsse		€	=	0,0	%
	Fremdmittel	1.101.000	€	=	73,9	%
	Gesamt	1.490.000	€	=	100,0	%
Wird durch Leasing finanziert:	[ ] ja	[x] nein				

Sonstiges:	Investition in Budget enthalten?	[x] ja	[ ] nein
	Nutzwertanalyse erforderlich?	[ ] ja	[x] nein
	Währung	€	

Hinweis: Die obigen Kästchen sind im zutreffenden Falle mit einem "x" zu versehen!

Basisinformationen zum Investitionsvorhaben

⇒ Diese Übersicht gibt eine komprimierte Beschreibung des Investitionsvorhabens.

⇒ Wichtige Details zum Investitionsprojekt werden festgehalten (wie z. B. Projektziele, Zeitaufwand, Finanzierungsvolumen ...).

⇒ Eine Prioritätenfestsetzung zeigt den innerbetrieblichen Handlungsspielraum auf, ob z. B. eine Investition auch zurückgestellt werden kann.

⇒ Sonstige Hinweise, wie etwa, ob die Investition im laufenden Budget bereits enthalten ist, runden die Angaben ab.

Nutzungshinweise

⇒ Die mit Doppellinie umrandeten Felder sind im zutreffenden Falle mit einem „x" zu versehen.

⇒ Mit Ausnahme der Darstellung der geplanten Finanzierung handelt es sich ansonsten um Texteingabefelder.

Investitionsprämissen und Ergebnisübersicht

Prämissen:

Barwertige Investitionsanschaffung: 1.490.000 €

Nutzungsdauer (ND bzw. n)	6,00	Jahre
WACC vor Ertragsteuern	14,85	%
± Zu- / Abschlag zum WACC		%
Mindestzinsanforderung (Hurdle Rate) - vor Steuern	14,85	%
Kalkulationszinssatz i_a (Baldwin - Auszahlungen) v.St.	4,00	%
Kalkulationszinssatz i_e (Baldwin - Einzahlungen) v.St.	3,00	%
Maximal zulässige Amortisationszeit (dynamisch) v.St.	4,00	Jahre
Ertragsteuersatz (s)	34,00	%
Preissteigerungsrate p	1,00	%
Basisjahr (Kalenderjahr)	2003	
Veräußerungserlös am Ende der ND (R)		€
Restbuchwert am Ende der ND		€
Veräußerungsgewinn/-verlust am Ende der ND	0	€

Ergebnisübersicht:	**Ergebnis nach Steuern**	**Ergebnis vor Steuern**
Kapitalwert C_o	576.397 €	723.035 €
durchschnittlicher jährlicher Überschuss *DJÜ*	131.574 €	190.281 €
Rendite (interner Zinsfuß) r	21,54 %	30,56 %
Rendite (Baldwinzins) r_B	frei %	9,15 %
Dynamische Amortisationszeit (Jahre)	4,15 Jahre	3,71 Jahre
Optimale Nutzungsdauer bei einmaliger Investition	frei Jahre	6,00 Jahre
Optimale Nutzungsdauer bei Investitionskette	frei Jahre	6,00 Jahre

Ergebnisinterpretation:

Aufgrund der durchgeführten Berechnungen und Analysen, sowie der zu berücksichtigenden Rahmenbedingungen, ist die geplante Investition absolut vorteilhaft bzw. lohnend. Die Ermittlung der relativen Vorteilhaftigkeit war für das vorgesehene Projekt nicht erforderlich.

Voraussetzungen der Investition und Ergebnisübersicht

⇒ Dieses Formblatt zeigt die Grundannahmen auf, welche eine wichtige Basis für die Investitionsrechnung bilden.

⇒ Die Ergebnisübersicht soll die wesentlichen Entscheidungsparameter vor und nach Steuern in Bezug auf einzelne Kriterien und Verfahren darlegen.

⇒ Die Ergebnisinterpretation gibt Raum für die Empfehlung zur Durchführung des Investitionsvorhabens (oder auch für die Ablehnung zur Realisierung der Investition) an die Entscheidungsträger.

Nutzungshinweise

⇒ Die *lila* umrandeten Felder sind manuell auszufüllen.

⇒ Durch eine Veränderung der einzelnen Eingabefelder können die Auswirkungen der geänderten Annahmen simuliert werden.

⇒ Wenn ein Investor eine „Hurdle Rate" wünscht, so besteht die Möglichkeit, den auf Grundlage des CAPM ermittelten WACC in Form eines Zu- bzw. Abschlages anzupassen.

Weitere wichtige Rahmenbedingungen und Hinweise

1) Es wird davon ausgegangen, dass der zu erzielende Restwerterlös (Liquidationswert) dem jeweiligen Restbuchwert (RBW) entspricht.

2) Die Ermittlung der Mindestverzinsungsanforderung erfolgt nach dem kapitaltheoretischen Ansatz des CAPM, (plus evtl. Zuschlag).

3) Das am Ende angefügte Formular, ist für die Investitionskontrolle vorgesehen, die für jedes Quartalsende geplant ist.

4) Steuerzahlungen sind proportional und enthalten keine Freibeträge.

5) Indirekte Steuern werden bei den Zahlungsströmen nicht berücksichtigt, d.h. die Darstellung der Zahlen erfolgt ohne Umsatzsteuer.

6) Der Steuervorteil durch Abschreibungen wird aus Gründen der Einfachheit dem investitionsrechnerischen Abschreibungsjahr zugerechnet.

7) Spezielle öffentliche Investitionsförderungen waren bei den Einzahlungsströmen nicht zu berücksichten.

8) Bei der Berechnung von Preissteigerungen wird eine konstante Preissteigerungsrate unterstellt.

9) Die Verzinsung der Zahlungsströme erfolgt stets nachschüssig (postnumerando).

10) Die Jahre vor dem Basisjahr werden grundsätzlich auf den Zeitpunkt "0" aufgezinst.

11) Die Abschreibungen werden aufgrund der derzeit in Ansatz befindlichen und auf Erfahrung beruhende Nutzungsdauern berechnet.

12) Mit Ausnahme des Rechenblattes "nach Steuern" werden sämtliche Zahlungsströme "vor Ertragsteuern" erfasst.

13) Vergangenheitsdaten bleiben als nicht entscheidungsrelevante Größe unberücksichtigt.

14) Die Dreifach-Rechnung dient zur Beurteilung des Risikos der Investition und ermittelt Ergebnisse unter Berücksichtigung der Veränderung mehrerer Inputgrößen.

15) Die Zielgrößenänderungsrechnung ermittelt Ergebnisse aufgrund der Veränderung einer Inputgröße.

16) Bei der Ermittlung der Zahlungsströme wurde auf die Struktur des Controlling-Reporting Bedacht genommen.

17) Grundsätzlich gelangt man mit den verschiedenen dynamischen Investitionsrechnungsverfahren zum selben Entscheidungs-Ergebnis.

18) Bei der Internen Zinsfuß-Methode ist bei der Interpretation der Verzinsung das "Fischer - Theorem bzw. Separaration" zu beachten.

19) Die Durchführung einer Differenz-Investition war im vorliegenden Fall nicht erforderlich.

20) Es wurde für die Berechnungen Kaufkraftparität (gleicher Geldwert) angenommen, da die Beträge der zurechenbaren künftigen Ein- und Auszahlungen mit dem zum Investitionszeitpunkt herrschenden Geldwert prognostiziert wurden.

Rahmenbedingungen und Hinweise

⇒ Nicht jeder Nutzer ist gleichzeitig Experte im Bereich der Investitionsrechnung, daher sind weitere Hinweise notwendig.

⇒ Hier sollen die wesentlichen Grundannahmen ergänzend festgehalten werden.

⇒ Die Hinweise dienen dem besseren Verständnis hinsichtlich der Ergebnisinterpretation.

⇒ Aktuelle Änderungen, welche in die Investitionsrechnung eingeflossen sind, können hier festgehalten werden.

Nutzungshinweis

⇒ Sollte der erforderliche Umfang eine DIN-A4-Seite übersteigen, so können beliebig weitere Blätter eingefügt werden. Eine entsprechende Anpassung im Inhaltsverzeichnis wäre dann vorzunehmen.

Ermittlung des Kapitaleinsatzes

		Gesamtbetrag	Jahr / Periode 2001	2002	Basisjahr 2003	AfA invH	(∅) ND in Jahren	jährl. AfA €
			-2	-1	0			
0	***Aufw f das Ingangs u Erw e Betriebes***	*0*				*20,00*	*5,00*	*0*
A. I	***Immaterielle Vermögensgegenstände***	*0*	*0*	*0*	*0*			*0*
1	Konzessionen, gewerbl.Schutzrechte und ähnl. Rechte, Lizenzen (ausg.SW)	0						
2	Softwarelizenzen	0				33,33	3,00	0
3	Geschäfts-/Firmenwert	0				6,67	15,00	0
4	Geleistete Anzahlungen	0				0,00	0,00	0
A. II	***Sachanlagen***	*1.490.000*	*0*	*0*	*1.490.000*			*248.333*
5	***Grundstücke und Bauten***	*0*	*0*	*0*	*0*			*0*
6	+ Grundstücke u grundstücksgl. Rechte	0				0,00	0,00	0
7	+ Gebäude auf eigenem Grund	0				3,00	33,33	0
8	+ Gebäude auf fremden Grund	0				3,00	33,33	0
9	***Technische Anlagen u Maschinen***	*1.490.000*	*0*	*0*	*1.490.000*	*16,67*	*6,00*	*248.333*
10	+ Fertigungsmaschinen u techn Anlagen	1.490.000			1.490.000	16,67	6,00	248.333
11	+ Maschinenwerkzeuge	0				20,00	5,00	0
12	+ Gwg	0				100,00	1,00	0
13	***Andere Anlagen, B + G Ausstattung***	*0*	*0*	*0*	*0*			*0*
14	+ EDV-Anlagen	0				33,33	3,00	0
15	+ B + G Ausstattung	0				12,50	8,00	0
16	+ Fuhrpark (PKW)	0				12,50	8,00	0
17	+ Fuhrpark (LKW)	0				20,00	5,00	0
18	+ Gwg	0				100,00	1,00	0
19	***Geleistete Anz u Anlagen im Bau***	*0*	*0*	*0*	*0*			*0*
20	+ Anlagen im Bau	0				0,00	0,00	
21	+ geleistete Anzahlungen	0				0,00	0,00	
22	***Finanzanlagen***	*0*						
23	***Sonstige einmalige Investitionsaufw.:***	*0*	*0*	*0*	*0*			*0*
24	+ Installierung	0				10,00	10,00	0
25	+ Anlaufkosten	0				10,00	10,00	0
26	+ sonstige aktivierbare Auszahlungen	0				10,00	10,00	0
27	+ nicht aktivierbare Auszahlungen	0				100,00	1,00	0
28	- Kapitalfreisetzung (bewirkt durch das Pj.)	0				100,00	1,00	0
29	**= Kapitaleinsatz (nominal)**	**1.490.000**	**0**	**0**	**1.490.000**		**6,00**	**248.333**
30	**= Kapitaleinsatz (bereinigt, aufgezinst)**	**1.490.000**						

Kapitaleinsatz ermitteln

⇒ Der Kapitaleinsatz stellt die Summe der (barwertigen) Investitionsanschaffungsauszahlung dar.

⇒ Nicht alle Investitionen können in einer Periode (in einem Jahr) abgewickelt werden. Zuweilen bedarf es mehrerer Jahre. In solchen Fällen ist eine entsprechende Aufzinsung auf den Zeitpunkt (bzw. Zeitraum/Periode) null vorzunehmen, um die Geldwerte vergleichbar machen zu können.

⇒ Dieses Formular soll auch als Checkliste dienen, da die Investitionsarten (immaterielle Investitionen, Sachinvestitionen, Finanzinvestitionen etc.) in der Praxis sehr umfangreich sein können und durch dieses Formular eine klare Zuordnung erfolgt.

⇒ Die Angabe der Abschreibungssätze bildet eine wichtige Grundlage für weitere Berechnungen und Analysen (z. B. die Ermittlung der Rendite nach Steuern etc.)

Nutzungshinweise

⇒ Die *lila* umrandeten Felder sind auszufüllen.

⇒ Eine allenfalls erforderliche Aufzinsung erfolgt automatisch.

⇒ Die Nutzungsdauern sowie die jährlichen Abschreibungen werden automatisch ermittelt.

Ermittlung der Abschreibungen und Restbuchwerte

Peri-	Jahr	Immaterielles Anlagevermögen			Bewegliches Anlagevermögen			Unbewegliches Anlagevermögen			Gesamt	
		AK / RW	AfA	RBW	AK / RW	AfA	RBW	AK / RW	AfA	RBW	AfA	RBW
ode	20..	1	2	3	4	5	6	7	8	9	10	11
-2												
-1												
0	**2003**				1.490.000		1.490.000	0	0	0	0	1.490.000
1	2004				1.490.000	248.333	1.241.667	0	0	0	248.333	1.241.667
2	2005				1.241.667	248.333	993.333	0	0	0	248.333	993.333
3	2006				993.333	248.333	745.000	0	0	0	248.333	745.000
4	2007				745.000	248.333	496.667	0	0	0	248.333	496.667
5	2008				496.667	248.333	248.333	0	0	0	248.333	248.333
6	2009				248.333	248.333	0	0	0	0	248.333	0
7												
8												
9												
10												
11												
12												
13												
14												
15												

Abschreibungen und Restbuchwerte ermitteln

⇒ Die Ermittlung der Abschreibungen ist die Voraussetzung dafür, eine Investitionsrechnung nach (Ertrag-)Steuern durchführen zu können, da die Abschreibungen die steuerliche Bemessungsgrundlage verringern.

⇒ Die Ermittlung der Restbuchwerte können ebenfalls in weitere Berechnungen einfließen, so z. B. bei der Ermittlung der optimalen Nutzungsdauer, sofern davon ausgegangen werden kann, dass die so ermittelten Restwerte mit den real zu erzielenden Veräußerungserlösen (weitestgehend) übereinstimmen .

⇒ Der Restwert findet praktische Anwendung, wenn dieser auf die Jahre der Nutzung mittels des Restwertverteilungsfaktors (RVF) gleichmäßig verteilt werden soll (z. B. zur Ermittlung der durchschnittlichen jährlichen Einzahlungen).

Nutzungshinweise

⇒ Es ist vorteilhaft, wenn die Eingabefelder rechnerisch verknüpft werden (mit anderen Tabellen und/oder Formeln), um sich bei Änderungen manuelle Anpassungen zu ersparen. Das bringt Ihnen nicht nur einen Zeitvorteil, sondern auch Sicherheit.

⇒ Bei großen bzw. umfangreichen Investitionen reicht unter Umständen dieses Blatt nicht aus. Eine Erweiterung ist jedoch problemlos möglich.

Erfassung der zeitlichen Zahlungsströme

Z	Bezeichnung	€	Gesamt	Jahr / Periode 2004	2005	2006	2007	2008	2009	Bemerkungen
				1	2	3	4	5	6	
1	Plan-Menge	Stk.	8.629.500	1.237.500	1.320.000	1.397.000	1.485.000	1.595.000	1.595.000	Erfahrungswerte
2	**= Umsatz brutto**	**€**	**7.845.000**	**1.125.000**	**1.200.000**	**1.270.000**	**1.350.000**	**1.450.000**	**1.450.000**	gem. Planung Vertrieb
3	- Rabatte	invH		5,00	5,00	5,00	5,00	5,00	5,00	Sonderkondition
4	- Rabatte	€	392.250	56.250	60.000	63.500	67.500	72.500	72.500	
5	- Skonti u so. Erlösberichtig.	invH		1,50	1,50	1,50	1,50	1,50	1,50	Durchschnittswerte
6	- Skonti u so. Erlösberichtig.	€	117.675	16.875	18.000	19.050	20.250	21.750	21.750	
7	**= Umsatz netto**	**€**	**7.335.075**	**1.051.875**	**1.122.000**	**1.187.450**	**1.262.250**	**1.355.750**	**1.355.750**	
8	- VK'Sonderkosten	€	431.475	61.875	66.000	69.850	74.250	79.750	79.750	
9	Frachten	Stk.		0,05	0,05	0,05	0,05	0,05	0,05	
10	Frachten	€	431.475	61.875	66.000	69.850	74.250	79.750	79.750	Neue Tarife Spedition
11	Recycling	Stk.			0,00	0,00	0,00	0,00	0,00	
12	Recycling	€	0	0	0	0	0	0	0	
13	Provisionen	€	0							
14	Lizenzen	€	0							
15	=Zwischen-Summe	€	6.903.600	990.000	1.056.000	1.117.600	1.188.000	1.276.000	1.276.000	
16	+ So. betriebliche Einzlg.	€	0							
17	+ Veräußerungserlös	€	0							
18	+ Einzahlungen	€	6.903.600	990.000	1.056.000	1.117.600	1.188.000	1.276.000	1.276.000	
19	Material	€	2.623.368	376.200	401.280	424.688	451.440	484.880	484.880	gemäß Neukalkulation
20	+ Fertigung	€	524.674	75.240	80.256	84.938	90.288	96.976	96.976	Erfahrungswerte lt. Aufzeichnung
21	**= Summe HAvar**	**€**	**3.148.042**	**451.440**	**481.536**	**509.626**	**541.728**	**581.856**	**581.856**	
22	**= Deckungsbeitrag**	**€**	**3.755.558**	**538.560**	**574.464**	**607.974**	**646.272**	**694.144**	**694.144**	
23	**+ Fixe Zahlungen gesamt**	**€**	**180.000**	**30.000**	**30.000**	**30.000**	**30.000**	**30.000**	**30.000**	
24	davon Material	€	0							
25	davon Produktion	€	180.000	30.000	30.000	30.000	30.000	30.000	30.000	aus Kostenstellenplanung
26	davon Vertrieb	€	0							
27	davon Finanzen	€	0							
28	davon Unternehmen allg	€	0							
29	+ Abbruch / Rekultivierung	€	0							
30	= Auszahlungen	€	3.328.042	481.440	511.536	539.626	571.728	611.856	611.856	
31	= Nettoeinzahlungen	€	3.575.558	508.560	544.464	577.974	616.272	664.144	664.144	

Zeitliche Zahlungsströme erfassen

⇒ Es ist nicht primär die Investitionsart interessant und entscheidend, sondern die durch die jeweilige Investition verursachte Zahlungsreihe.

⇒ Das systematische Vorgehen (Erstellen der Zahlungsströme) ermöglicht es, ein investitionsrechnerisches Problem anschaulich zu erfassen.

⇒ Für die Beurteilung sind folgende drei Komponenten von besonderer Bedeutung: Zahlungshöhe, zeitliche Verteilung der Zahlungen, Zinssatz des Investors.

Nutzungshinweise

⇒ Eigene Erfahrungen haben gezeigt, dass es nicht möglich ist, die Erfassung der Zahlungsströme so zu standardisieren, dass sie für alle Organisationen Gültigkeit haben könnten. Die Gestaltung dieser Aufzeichnungen orientiert sich primär an der betrieblichen Struktur, dem Controlling-System, an der Art des Betriebes und der Art der Investition.

⇒ Sollte daher ein anderer Aufbau der Darstellung notwendig sein, dann wäre bei folgenden Blättern eine Anpassung vorzunehmen:

- Investitionsrechnung – dynamische Verfahren (vor Steuern)
- Ermittlung der kritischen Menge (Leistungseinheit).

⇒ Auf der Originaldatei sind diese Erfassungen bis zu einem Zeitraum von fünfzehn Jahren möglich.

⇒ Es ist jedenfalls hilfreich, die Zahlungsströme so aufzubereiten, dass diese in der Folge mit anderen Auswertungen rechentechnisch verknüpft werden können. Die rechentechnische Verknüpfung erspart Zeit und gibt zusätzlich Sicherheit.

Kapitalkostenberechnung nach WACC / CAPM

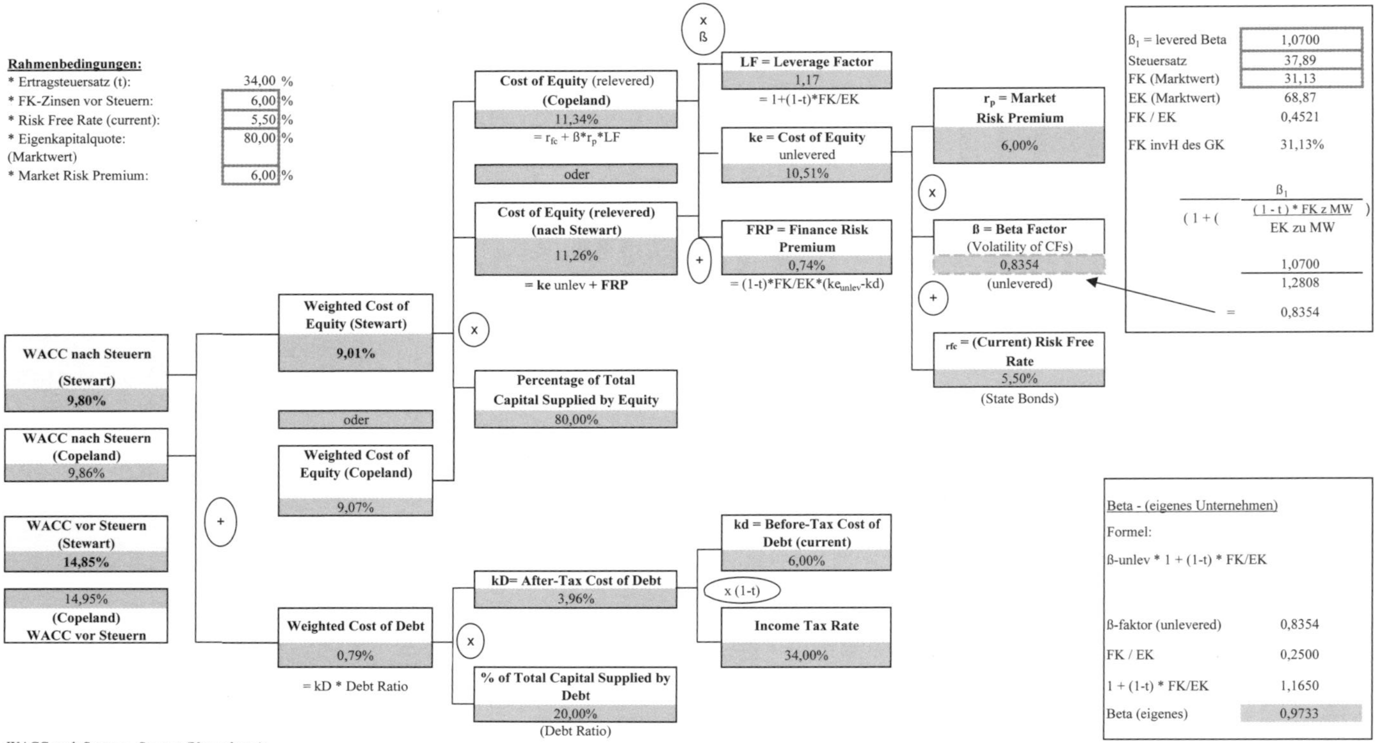

WACC nach Steuern - Stewart (Verprobung):

9,80%	<== ke unlevered * (1 - t * FK / GK)	=	0,1051	1 -	0,3400	*	20,00	/	100,00

Berechnung der Kapitalkosten

⇒ Die Beantwortung der Frage, wie hoch die Kapitalkosten sind, ist wichtig, weil es mehrere Möglichkeiten zur Errechnung des Kalkulationszinssatzes gibt.

⇒ Grundsätzlich hat der Kalkulationszinssatz die Aufgabe, die zu unterschiedlichen Zeiten anfallenden Ein- und Auszahlungsströme des Investitionsvorhabens vergleichbar zu machen.

⇒ Unterstellt man einen vollkommenen Kapitalmarkt, so kann auf Grundlage des CAPM gearbeitet werden, wofür das im Konzept enthaltene Berechnungsformular auch vorgesehen ist.

⇒ Es gibt in der Praxis aber auch zahlreiche andere Ansätze, die verschiedensten Gesichtspunkte im Kalkulationszinssatz zu berücksichtigen, wie z. B.:

- Finanzierungskosten für das Fremdkapital
- Mindestverzinsungsanspruch des Investors
- Rendite der besten nicht gewählten Alternative
- Branchenübliche Verzinsung
- Durchschnittliche Unternehmensrendite des eingesetzten Kapitals
- Prognostizierte Inflationsrate
- Voraussichtliche steuerliche Wirkungen
- Aufschlag für Investitionsrisiken etc.

Nutzungshinweise

⇒ Für die Anwendung des CAPM ist die Kenntnis der Marktwerte (Eigenkapital/Fremdkapital) erforderlich.

⇒ Das *grün* umrandete Feld kann optional überschrieben werden, da zuweilen nur unlevered Beta-Faktoren (= 100 % Eigenfinanzierung) publiziert werden.

⇒ Die Berechnung erfolgt sowohl nach dem Modell von Stewart als auch von Copeland, wobei im vorliegenden Fall der WACC nach Stewart Verwendung findet.

⇒ Zu dem nach CAPM/WACC ermittelten Zinssatz kann in beide Richtungen (±) eine Korrektur vorgenommen werden, um so strategische Prioritäten/Bedeutungen bzw. Risikokategorien berücksichtigen zu können (Hurdle Rate).

⇒ Die *lila* umrandeten Felder sind Eingabefelder.

TIPPS:

⇒ An dieser Stelle ist eine Vertiefung der im Kapitel „Kalkulationszinssatz" gemachten Ausführungen hilfreich.

⇒ Die Market-Risk-Premium (Markt-Risiko-Prämie) wird in Fachzeitschriften, bei Großbanken und anderen Instituten (regelmäßig) veröffentlicht bzw. können dort erfragt werden.

Wichtig:

Der Zinssatz ist nicht geeignet, diesen mit sämtlichen – in der Theorie zum Teil kontroversiell geführten – Funktionen auszustatten bzw. zu belasten. Die Berücksichtigung der Geldwertverschlechterung und einer evtl. zusätzlichen Wertsteigerung sollte nicht in Form einer Erhöhung des Kalkulationszinssatzes vorgenommen werden, da damit aufgrund der immanenten Prämisse der Wiederanlagemöglichkeit der erzielten Überschüsse z. B. riskante Investitionsobjekte – mit einem entsprechenden höheren Kalkulationszinssatz gerechnet – auch eine höhere rentable Wiederveranlagungsmöglichkeit unterstellen. Die der Investitionsrechnung zuzuführenden Zahlen sind bei Geldentwertungen (Inflation) – bzw. ggf. auch bei Deflation – vorher zu bereinigen.

Wertorientierung:

Die Berechnung des WACC auf der Grundlage des CAPM ist eine international anerkannte Methode, um die Kapitalkosten eines Unternehmens zu berücksichtigen. Ziel des unternehmerischen Handelns ist u. a. die nachhaltige Wertsteigerung durch Erhöhung der Rentabilität und kontinuierliches profitables Wachstum. Aber Gewinne allein sind zu wenig. Nur Renditen, die über den Kapitalkosten liegen, steigern den Wert des Unternehmens. Das bedeutet, dass der „Economic Value Added“ positiv sein muss, damit zusätzlicher Wert geschaffen wird. Dieser steigt, wenn die erwirtschafteten Renditen höher sind als die Kosten des eingesetzten Kapitals. Ein negativer „Economic Value Added“ würde Wertvernichtung bedeuten, bei „0“ entspräche dieser dem erwarteten Wert. Dieser Wert errechnet sich aus dem operativen Ergebnis – verringert um die Ertragsteuern – abzüglich des verzinslichen Kapitals multipliziert mit dem WACC. Die Grundidee des „Value based Management“ ist simpel: Jedes Unternehmen soll mehr Geld verdienen, als das ins Unternehmen investierte Kapital an Zinsen kostet. Den zentralen Orientierungsrahmen dieser Sichtweise bildet das Shareholder-Value-Konzept.

Ohne auf theoretische Ansätze des verzinslichen Kapitals einzugehen, gilt als verzinsliches Kapital in der Praxis jedenfalls:

a) das Eigenkapital (Renditeforderung der Eigenkapitalgeber)
b) die Bankverbindlichkeiten (abzüglich der liquiden Mittel) und
c) der Wert der Pensionsrückstellungen (abzüglich der Summe der zur Deckung hinterlegten Wertpapiere).

Die Wertorientierung versetzt Unternehmen in die Lage, sowohl alle Geschäftsfelder auf ihre Werthaltigkeit hin zu überprüfen, als auch Mindestanforderungen für künftige Wachstumsfelder (z. B. Investitionsvorhaben) zu formulieren. Damit soll eine bestmögliche Verwendung des eingesetzten Kapitals gewährleistet und den Eigenkapitalgebern eine nachhaltige Wertsteigerung gesichert werden.

Investitionsrechnung - dynamische Verfahren (vor Steuern)

ZAHLUNGSSTRÖME:

Periode	Jahr 20..	Auszahlungen A, a 1	Einzahlungen e, R 2	Nettoeinzahlungen NE 3 = 2 - 1	Kumulierte Nettoeinzahlungen 4 = Σ 3	Faktoren 14,85 Prozent 5	Barwerte 14,85 Prozent 6 = 3 * 5	kumulierte Barwerte (Mind.Verz.) 7 = Σ 6	Faktoren 30,56 Prozent 8	Barwerte 30,56 Prozent 9 = Σ 8
-2		0								
-1		0								
0	**2003**	1.490.000		-1.490.000	-1.490.000	1,000000	-1.490.000	-1.490.000	1,000000	-1.490.000
1	2004	481.440	990.000	508.560	-981.440	0,870701	442.804	-1.047.196	0,765931	389.522
2	2005	511.536	1.056.000	544.464	-436.976	0,758120	412.769	-634.427	0,586651	319.410
3	2006	539.626	1.117.600	577.974	140.998	0,660096	381.518	-252.909	0,449334	259.704
4	2007	571.728	1.188.000	616.272	757.270	0,574746	354.200	101.291	0,344159	212.096
5	2008	611.856	1.276.000	664.144	1.421.414	0,500432	332.359	433.650	0,263602	175.070
6	2009	611.856	1.276.000	664.144	2.085.558	0,435727	289.385	723.035	0,201901	134.092

ZIELGRÖSSEN	RECHENGANG	RECHENGANG - alternativ	ERGEBNISSE	
I) Kapitalwert $C_{o,1}$	Spalte 6 summieren		723.035	C_o >= 0 ; absolut vorteilhaft
II) Kapitalwert $C_{o,2}$	Spalte 9 summieren		-107	
III) Rendite der Investition in % (regula falsi)	$r = i_1 - C_{0,1} * \frac{i_2 - i_1}{C_{0,2} - C_{0,1}}$ 30,56	bzw. Excel-Funktion IKV	30,56	r >= i ; vorteilhaft
IV) ∅ jährl. Überschuss	C_o * KWF (= 0,263170)		190.281	DJÜ >= 0 ; absolut vorteilhaft
V) Dynamische Amortisationszeit in Jahren	Ermittlung der Zeit, in der die kumulierten Barwerte der Nettoeinzahlungen gleich Null sind (Spalte 7)		3,71	dyn.Amo <= max.Amo.; absolut vorteilhaft

Dynamische Methoden der Investitionsrechnung (vor Steuern)

⇒ Dieses Blatt zeigt die Ergebnisse aller gängigen finanzmathematischen Verfahren auf einen Blick:

- Kapitalwertmethode,
- interne Zinsfuß Methode,
- Annuitätenmethode.

⇒ Die dynamische Amortisationszeit wird als Risikomaßstab ermittelt.

⇒ Die Darstellung gewährleistet die Transparenz aller Rechenschritte.

⇒ Die Ergebnisse werden nachvollziehbar.

⇒ Gut kommunizierbar; geeignet für Präsentationszwecke.

Nutzungshinweise

⇒ Die *lila* umrandeten Felder sind zwar mit dem Blatt „Erfassung der Zahlungsströme" verknüpft, müssen allerdings ggf. noch überschrieben bzw. überarbeitet werden. Dies ist z. B. dann der Fall, wenn sich die Nutzungsdauern verändern.

⇒ Der interne Zinsfuß wird sowohl nach der Gleichung „Regula Falsi" als auch mittels der IKV-Funktion (in Excel) ermittelt. Geringfügige Abweichungen zwischen diesen beiden Ergebnissen sind möglich. In einem solchen Fall ist das Ergebnis durch die IKV-Funktion exakter, da diese Funktion zahlreiche Iterationsschritte durchführt.

⇒ Die Aktivierung (Häkchen) des Button „Iteration" unter „Excel – Extras – Optionen – Berechnung" ist erforderlich.

⇒ Die im *grün* umrandeten Feld hinterlegte Formel ist so konzipiert, dass grundsätzlich keine optionale Änderung notwendig ist.

⇒ Die Erfassung (Eingabedaten) der Aus- und Einzahlungen erfolgt stets mit positiven Vorzeichen.

Die nachfolgenden Grafiken (Einzahlungen/Auszahlungen, Nettozahlungen kumuliert) sind entsprechend der Nutzungsdauern – ggf. auch hinsichtlich der Skalierung – jeweils anzupassen. Auch können weitere Grafiken eingefügt werden.

Investitionsrechnung - dynamische Verfahren (nach Steuern)

ZAHLUNGSSTRÖME:

Periode	Jahr 20..	Auszahlungen A, a 1	Einzahlungen e, R 2	Nettoeinzahlungen NE 3 = 2 - 1	AfA plus ggf. RBW 4	Ertragsteuer invH 34,00 5	Nettoeinzahlungen nach Steuern 6 = s*(3-5)	Kumulierte Nettoeinzahlungen 7 = Σ 6	Faktoren 9,80 Prozent 8	Barwerte 9,80 Prozent 9 = 8 * 6	kumulierte Barwerte (Mind.Verz.) 10 = Σ 9	Faktoren 21,54 Prozent 11	Barwerte 21,54 Prozent 12 = 11 * 6
-2													
-1													
0	**2003**	1.490.000		-1.490.000	0	0	-1.490.000	-1.490.000	1,000000	-1.490.000	-1.490.000	1,000000	-1.490.000
1	2004	481.440	990.000	508.560	248.333	88.477	420.083	-1.069.917	0,910739	382.586	-1.107.414	0,822774	345.633
2	2005	511.536	1.056.000	544.464	248.333	100.684	443.780	-626.138	0,829445	368.091	-739.324	0,676958	300.420
3	2006	539.626	1.117.600	577.974	248.333	112.078	465.896	-160.241	0,755407	351.941	-387.382	0,556983	259.496
4	2007	571.728	1.188.000	616.272	248.333	125.099	491.173	330.932	0,687978	337.916	-49.466	0,458272	225.091
5	2008	611.856	1.276.000	664.144	248.333	141.376	522.768	853.700	0,626568	327.550	278.084	0,377054	197.112
6	2009	611.856	1.276.000	664.144	248.333	141.376	522.768	1.376.468	0,570640	298.313	576.397	0,310231	162.179

ZIELGRÖSSEN	RECHENGANG	Rechengang - altern.	ERGEBNISSE		VERGLEICH (Werte vor Steuern)	
I) Kapitalwert $C_{0,1}$	Spalte 9 summieren		576.397	C_0 >= 0 ; absolut vorteilhaft	$C_{0,1}$ vor Steuern	723.035
II) Kapitalwert $C_{0,2}$	Spalte 12 summieren		-69		$C_{0,2}$ vor Steuern	-107
III) Rendite d Investition in % (regula falsi)	$r = i_1 - C_{0,1} * \frac{i_2 - i_1}{C_{0,2} - C_{0,1}}$ 21,54	bzw. Excel-Funktion IKV	21,54	r >= i ; vorteilhaft	Rendite vor Steuern	30,56
IV) Ø jährl. Überschuss	C_0 * KWF (= 0,228270)		131.574	DJÜ >= 0 ; absolut vorteilhaft	DJÜ vor Steuern	190.281
V) Dynamische Amortisationszeit in Jahren	Ermittlung der Zeit, in der die kumulierten Barwerte der Nettoeinzahlungen gleich Null sind (Spalte 10)		4,15	dyn.Amo <= max.Amo.; absolut vorteilhaft	Amo. vor Steuern	3,71

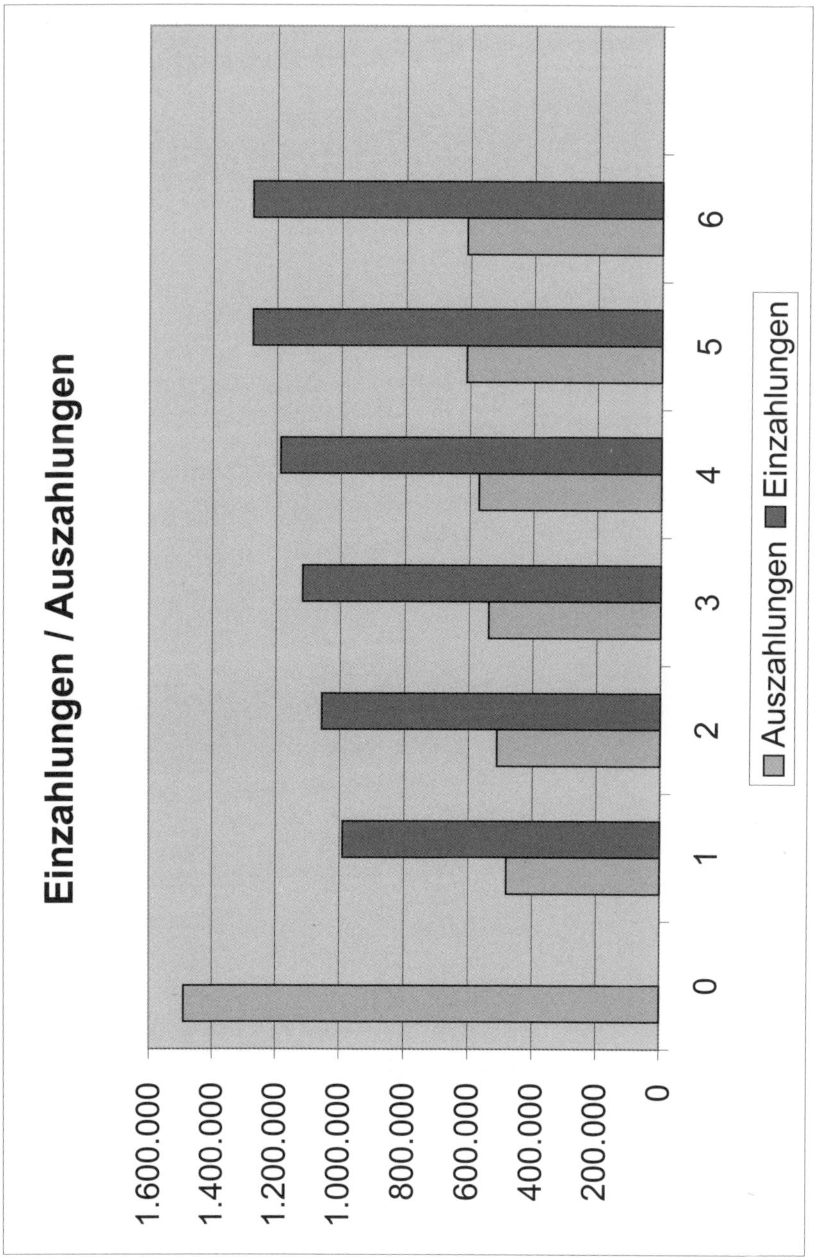
Einzahlungen / Auszahlungen
1.600.000
1.400.000
1.200.000
1.000.000
800.000
600.000
400.000
200.000
0
0
1
2
3
4
5
6
Auszahlungen
Einzahlungen

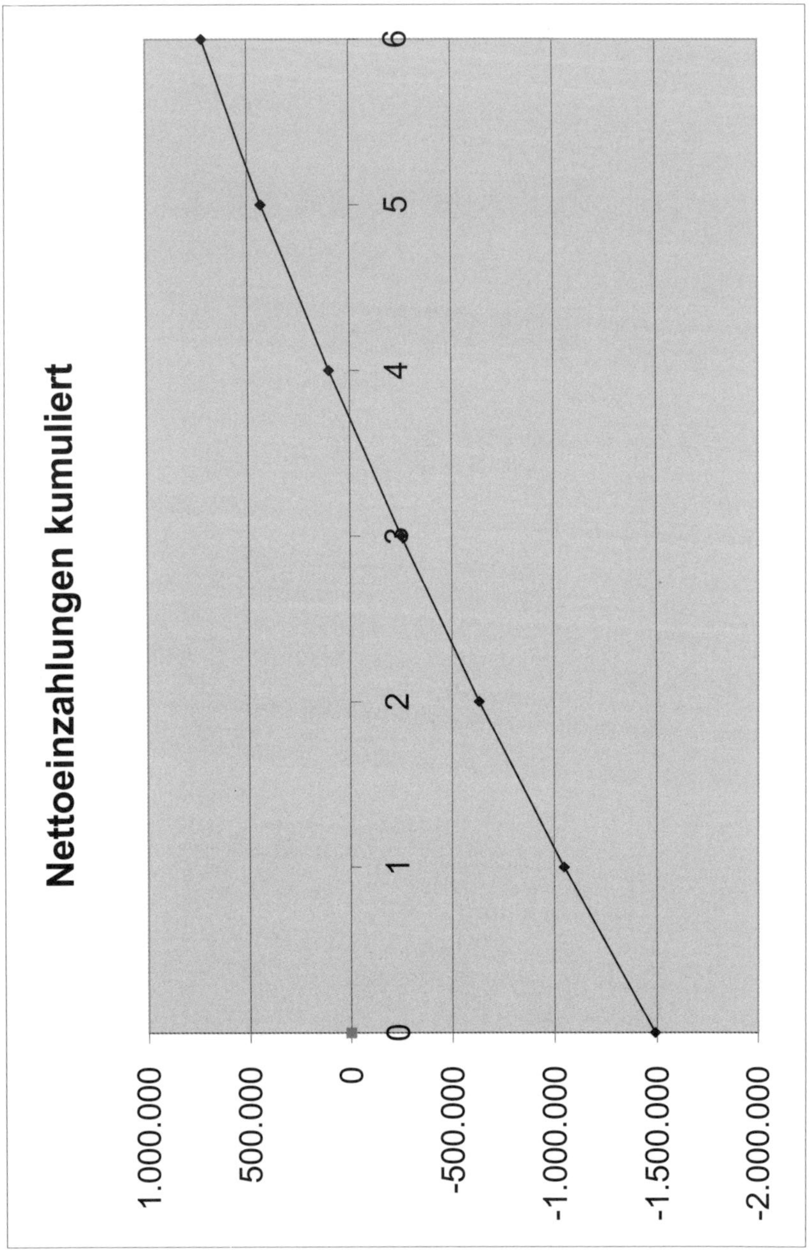
Nettoeinzahlungen kumuliert
1.000.000
500.000
0
-500.000
-1.000.000
-1.500.000
-2.000.000
0
1
2
3
4
5
6

Dynamische Methoden der Investitionsrechnung (nach Steuern)

⇒ International zu tätigende Investitionen in unterschiedlichen Ländern ergeben unterschiedliche Renditen, da auch die Ertragsteuern in den Ländern different sind.

⇒ So zu tun, als gäbe es keine Steuern, ist unrealistisch bzw. kommt wohl eher nur in Ausnahmefällen vor (Steuerbefreiung; spezielle internationale steuerliche Konstruktionen etc.).

⇒ Ein Vorteilhaftigkeitsvergleich „vor" und „nach" Steuern kann zu verschiedenen Entscheidungen führen.

⇒ Einen renditeorientierten Investor interessieren grundsätzlich die ihm tatsächlich zur Verfügung stehenden Mittel, d. h. nach Abzug der Ertragsteuern.

Nutzungshinweise

⇒ Das Berechnungsblatt „nach Steuern" sieht auch einen Vergleich mit den Ergebnissen „vor Steuern" vor.

⇒ Ein evtl. Restbuchwert wäre in der Spalte „AfA + RBW" (Absetzung für Abnutzung + Restbuchwert) noch manuell zu ergänzen bzw. formelmäßig zu verknüpfen.

⇒ Die Datenquelle der Grafik „Nettoeinzahlungen kumuliert" ist je nach Anzahl der Nutzungsjahre manuell anzupassen.

Annuitätenmethode (vor Steuern)

ZAHLUNGSSTRÖME:

Periode	Jahr 20..	Auszahlungen A, a 1	Faktoren 14,85 Prozent 2	Auszahlungen (auf-) abgezinst barwertig 3 = 1 * 2	Einzahlungen e, R 4	Faktoren 14,85 Prozent 5	Einzahlungen (auf-) abgezinst barwertig 6 = 4 * 5	Nettoeinzahlungen NE 7	Faktoren 14,85 Prozent 8	Nettoeinzahlungen (auf-) abgezinst 9 = 7 * 8
-2										
-1										
0	**2003**	1.490.000	1,000000	1.490.000	0	1,000000	0	-1.490.000	1,000000	-1.490.000
1	2004	481.440	0,870701	419.190	990.000	0,870701	861.994	508.560	0,870701	442.804
2	2005	511.536	0,758120	387.806	1.056.000	0,758120	800.575	544.464	0,758120	412.769
3	2006	539.626	0,660096	356.205	1.117.600	0,660096	737.723	577.974	0,660096	381.518
4	2007	571.728	0,574746	328.598	1.188.000	0,574746	682.798	616.272	0,574746	354.200
5	2008	611.856	0,500432	306.192	1.276.000	0,500432	638.551	664.144	0,500432	332.359
6	2009	611.856	0,435727	266.602	1.276.000	0,435727	555.987	664.144	0,435727	289.385

ZIELGRÖSSEN		RECHENGANG	ERGEBNISSE	
I)	Barwert der Auszahlungen A_o	Spalte 3 summieren	3.554.593	
II)	Barwert der Einzahlungen E_o	Spalte 6 summieren	4.277.628	
III)	Barwert C_o	Saldo II - I	723.035	
IV)	KWF =	$\frac{i(1+i)^n}{(1+i)^n-1}$	0,263170	
V)	Durchschnittliche jähl. Auszahlungen	I * KWF bzw. Spalte 3 summieren * KWF	935.463	
VI)	Durchschnittliche jähl. Einzahlungen	II * KWF bzw. Spalte 6 summieren * KWF	1.125.745	
VII)	Durchschnittlicher jährl. Überschuss	Barwert C_o * KWF bzw. VI - V	190.281	DJÜ >= 0 ; absolut vorteilhaft

Annuitätenmethode (vor Steuern)

⇒ Diese Vorlage leistet die Umrechnung der investitionsbedingten Zahlungsströme in Annuitäten. Dabei wird unterschieden zwischen:

- den durchschnittlichen jährlichen Einzahlungen
- den durchschnittlichen jährlichen Auszahlungen
- dem durchschnittlichen jährlichen Überschuss

⇒ bzw. die Periodisierung der barwertigen Auszahlungen und Einzahlungen mittels dem Kapitalwiedergewinnungsfaktor (KWF) in eine konstante Annuität.

Nutzungshinweise

⇒ Auf diesem Berechnungsblatt ist keine weitere Eingabe erforderlich. Die Berechnungen erfolgen automatisch durch entsprechende formelmäßige Verknüpfungen.

⇒ Das folgende Formblatt – als Ergänzung zur Annuitätenmethode – berechnet die Annuitäten ohne „A“ bzw. „R“, um so zu weiteren Grundlagen für Analysen zu kommen (z. B. Zielgrößenänderungsrechnung).

⇒ Es besteht die Möglichkeit, mit den periodisierten Werten im Bereich der kritischen Werte-Rechnung weitere Analysen durchzuführen.

⇒ Grundsätzlich gelangt man mit der Annuitätenmethode zur selben Entscheidung wie mit der Kapitalwertmethode oder der internen Zinsfuß-Methode.

Auszahlungen / Einzahlungen - o. "A" bzw. "R" (vor Steuern)

Barwerte der Auszahlungen, jährlich abgezinst — Abzinsungsfaktoren für 14,85 Prozent — ND: 6,00 Jahre

Z	Text	Jahr -2	Jahr -1	Jahr 0	Jahr 1	Jahr 2	Jahr 3	Jahr 4	Jahr 5	Jahr 6	Jahr 7	Jahr 8	Jahr 9	Jahr 10
		2001	2002	2003	2004	2005	2006	2007	2008	2009	2010	2011	2012	2013
1		AUSZAHLUNGEN OHNE ANSCHAFFUNGSAUSZAHLUNG:												
2	a				481.440	511.536	539.626	571.728	611.856	611.856	0	0	0	0
3	AbF				0,870701	0,758120	0,660096	0,574746	0,500432	0,435727				
4	BW				419.190	387.806	356.205	328.598	306.192	266.602				
5	C_o			2.064.593										
6	KWF	$\frac{i(1+i)^n}{(1+i)^n-1}$		0,263170										
7	a			543.340	<-- durchschnittliche jährliche Auszahlungen (ohne Anschaffungskosten)									

Barwerte der Einzahlungen, jährlich abgezinst — Restwerterlös: 0

Z	Text	Jahr -2	Jahr -1	Jahr 0	Jahr 1	Jahr 2	Jahr 3	Jahr 4	Jahr 5	Jahr 6	Jahr 7	Jahr 8	Jahr 9	Jahr 10
		2001	2002	2003	2004	2005	2006	2007	2008	2009	2010	2011	2012	2013
8		EINZAHLUNGEN OHNE RESTWERTERLÖS:												
9		0	0	0	0	0	0	0	0	0	0	0	0	0
10	e	0	0	0	990.000	1.056.000	1.117.600	1.188.000	1.276.000	1.276.000	0	0	0	0
11	AbF				0,870701	0,758120	0,660096	0,574746	0,500432	0,435727				
12	BW				861.994	800.575	737.723	682.798	638.551	555.987				
13	C_o			4.277.628										
14	KWF	$\frac{i(1+i)^n}{(1+i)^n-1}$		0,263170										
15	e			1.125.745	<-- durchschnittliche jährliche Einzahlungen (ohne Restwerterlös)									
16				582.405	<-- durchschnittlicher jährlicher Überschuss (ohne Anschaffungskosten und ohne Restwerterlös)									

Detaillierte Darstellung der Ein- und Auszahlungsströme (vor Steuern)

⇒ Diese Darstellung gewährleistet eine klare Nachvollziehbarkeit der Werte gemäß Berechnungsblatt „Annuitätenmethode“.

⇒ Sie bildet die Basis für weitere Investitionsanalysen (z. B. im Rahmen der Zielgrößenänderungsrechnung).

⇒ Eine gesonderte Betrachtung der Einzahlungsströme ohne Restwert sowie eine gesonderte Betrachtung der Auszahlungsströme ohne Anschaffungsinvestitionswert wird ermöglicht.

Nutzungshinweis

⇒ Manuelle Eingaben von Zahlen sind grundsätzlich nicht erforderlich.

Baldwin-Methode - klassisch (vor Steuern)

Periode	Jahr 20..	Auszahlungen 1	Faktoren 4,0000 Prozent 2	Barwerte der Auszlg. 3	kumulierte Barwerte der Auszlg. 4	Einzahlungen 5	Faktoren 3,0000 Prozent 6	Endwerte der Einzlg. 7	Barwerte der Einzlg. 8	kumulierte Barwerte der Einzlg. 9	kumulierte Barwerte NE 10
-2											
-1											
0	**2003**	1.490.000	1,000000	1.490.000	1.490.000						-1.490.000
1	2004	481.440	0,961538	462.923	1.952.923	990.000	1,159274	1.147.681	961.165	961.165	-991.758
2	2005	511.536	0,924556	472.944	2.425.867	1.056.000	1,125509	1.188.537	995.381	1.956.546	-469.321
3	2006	539.626	0,888996	479.726	2.905.592	1.117.600	1,092727	1.221.232	1.022.762	2.979.309	73.716
4	2007	571.728	0,854804	488.715	3.394.308	1.188.000	1,060900	1.260.349	1.055.523	4.034.831	640.523
5	2008	611.856	0,821927	502.901	3.897.209	1.276.000	1,030000	1.314.280	1.100.689	5.135.520	1.238.311
6	2009	611.856	0,790315	483.559	4.380.768	1.276.000	1,000000	1.276.000	1.068.630	6.204.150	1.823.382

ZIELGRÖSSEN	RECHENGANG	ERGEBNISSE	
Summe Barwert der Auszlg.	Spalte 3 summieren	4.380.768	
Summe Endwert der Einzlg.	Spalte 7 summieren	7.408.080	
Effektivverzinsung der Investition in % nach Baldwin-Methode	n-te Wurzel aus Endwert der Einzahlungen div. durch Barwert der Auszahlungen abzüglich 1, dann * 100 $r_B = \left(\sqrt[n]{\frac{EE}{BA}} - 1 \right) * 100$	9,15	r >= i ; vorteilhaft
Dynamische Amortisationszeit (in Jahren)	Ermittlung der Zeit, in der die kumulierten Barwerte der Nettoeinzlg. gleich Null sind	2,86	linear interpoliert

Vorteile der Baldwin-Methode (vor Steuern)

⇒ Die Baldwin-Methode geht – im Vergleich zu den bekannten dynamischen Investitionsrechnungsverfahren wie z. B. der Kapitalwertmethode – nicht von der Reinvestitionsprämisse aus.

⇒ Die Baldwin-Methode ermittelt die Effektivverzinsung des Investitionsprojektes unter Berücksichtigung realer Finanzierungs- und Verzinsungsmöglichkeiten.

⇒ Ein mehrfacher Vorzeichenwechsel bei den Zahlungsströmen stellt bei der Baldwin-Methode grundsätzlich kein Problem dar.

⇒ Ein evtl. Problem der Mehrdeutigkeit des Zinssatzes wird mit diesem Verfahren vermieden.

Nutzungshinweise

⇒ Manuelle Eingaben von Zahlen sind nicht erforderlich.

⇒ Sowohl für die Auszahlungsreihe als auch die Einzahlungsreihe können unterschiedliche Zinssätze verwendet werden.

Baldwin-Methode - verfeinert (vor Steuern)

Periode	Jahr 20..	Auszahlungen 1	Zinssatz invH 2	Faktoren AuF / AbF 3	Barwerte der Auszlg. 4	kumulierte Barwerte der Auszlg. 5	Einzahlungen 6	Zinssatz invH 7	Faktoren AuF / AbF 8	Endwerte der Einzlg. 9	kumulierte Endwerte der Einzlg. 10	Barwerte der Einzlg. 11	kumulierte Barwerte der Einzlg. 12	kumulierte Barwerte NE 13
-2														
-1														
0	**2003**	1.490.000	0,0000	1,000000	1.490.000	1.490.000								
1	2004	481.440	4,0000	0,961538	462.923	1.952.923	990.000	3,0000	1,030000	1.164.476	1.164.476	961.165	961.165	-991.758
2	2005	511.536	4,0000	0,961538	472.944	2.425.867	1.056.000	3,0000	1,030000	1.205.930	2.370.407	995.381	1.956.546	-469.321
3	2006	539.626	4,0000	0,961538	479.726	2.905.592	1.117.600	3,0000	1,030000	1.239.103	3.609.510	1.022.762	2.979.309	73.716
4	2007	571.728	4,5000	0,956938	486.377	3.391.970	1.188.000	3,5000	1,035000	1.272.615	4.882.125	1.050.423	4.029.732	637.763
5	2008	611.856	4,5000	0,956938	498.100	3.890.070	1.276.000	3,5000	1,035000	1.320.660	6.202.785	1.090.080	5.119.812	1.229.742
6	2009	611.856	4,5000	0,956938	476.651	4.366.720	1.276.000	3,5000	1,035000	1.276.000	7.478.785	1.053.217	6.173.029	1.806.309

ZIELGRÖSSEN	RECHENGANG	ERGEBNISSE	
Summe Barwert der Auszlg.	Spalte 4 summieren	4.366.720	
Summe Endwert der Einzlg.	Spalte 9 summieren	7.478.785	
Effektivverzinsung der Investition in % nach Baldwin-Methode	n-te Wurzel aus Endwert der Einzahlungen "/" durch Barwert der Auszlg. abzüglich 1, dann * 100 $r_B = \left(\sqrt[n]{\frac{EE}{BA}} - 1\right) * 100$	9,38	r >= i ; vorteilhaft
Dynamische Amortisationszeit (in Jahren)	Ermittlung der Zeit, in der die kumulierten Barwerte der Nettoeinzlg. gleich Null sind	2,86	linear interpoliert

Zusatznutzen durch die verfeinerte Baldwin-Methode

⇒ Die verfeinerte Methode ermöglicht die unterschiedliche Festlegung der Zinssätze pro Jahr sowohl bei den Auszahlungsströmen als auch bei den Einzahlungsströmen.

⇒ Sie ist also in der Lage, flexibel auf die prognostizierte bzw. erwartete Zinsentwicklung zu reagieren.

Nutzungshinweise

⇒ Die jährlichen Zinssätze erfordern eine manuelle Eingabe bei den folgenden zwei Arbeitsblättern:

- Barwertermittlung der Auszahlungen
- Endwertermittlung der Einzahlungen

⇒ Die Anwendung der Baldwin-Methode ist dann empfehlenswert, wenn der Investor eine möglichst realistische Effektivverzinsung benötigt oder wenn z. B. die interne Zinsfuß-Methode wegen bekannter Probleme (siehe dazu die näheren Ausführungen) nicht geeignet erscheint.

⇒ Die Barwertermittlung der Einzahlungsströme dient zur Berechnung der dynamischen Amortisationszeit.

Baldwin-Methode - Auszahlungsströme (vor Steuern)

Pe-ri-ode	Jahr	Aus-zahlungen	Zinssatz invH	Faktoren pro Jahr AuF/AbF	Barwerte der Auszahlungen, jährlich auf- bzw. abgezinst																	
					Jahr -2	Jahr -1	Jahr 0	Jahr 1	Jahr 2	Jahr 3	Jahr 4	Jahr 5	Jahr 6	Jahr 7	Jahr 8	Jahr 9	Jahr 10	Jahr 11	Jahr 12	Jahr 13	Jahr 14	Jahr 15
	20..	1	2	3	4	5	6	7	8	9	10	11	12	13	14	15	16	17	18	19	20	21
-2																						
-1																						
0	2003	1.490.000	0,0000	1,000000			1.490.000	462.923	472.944	479.726	486.377	498.100	476.651									
1	2004	481.440	4,0000	0,961538				481.440	491.862	498.915	505.832	518.024	495.717									
2	2005	511.536	4,0000	0,961538					511.536	518.871	526.066	538.745	515.546									
3	2006	539.626	4,0000	0,961538						539.626	547.108	560.295	536.167									
4	2007	571.728	4,5000	0,956938							571.728	585.508	560.295									
5	2008	611.856	4,5000	0,956938								611.856	585.508									
6	2009	611.856	4,5000	0,956938									611.856									

Zinssatz manuell eingeben

Baldwin-Methode - Einzahlungsströme (vor Steuern)

Pe-ri-ode	Jahr	Ein-zahlungen	Zinssatz invH	Faktoren pro Jahr AuF/AbF	Endwerte der Einzahlungen, jährlich auf- bzw. abgezinst Jahr -2	Jahr -1	Jahr 0	Jahr 1	Jahr 2	Jahr 3	Jahr 4	Jahr 5	Jahr 6	Jahr 7	Jahr 8	Jahr 9	Jahr 10	Jahr 11	Jahr 12	Jahr 13	Jahr 14	Jahr 15
	20..	1	2	3	4	5	6	7	8	9	10	11	12	13	14	15	16	17	18	19	20	21
-2																						
-1																						
0	**2003**																					
1	2004	990.000	3,0000	1,030000				990.000														
2	2005	1.056.000	3,0000	1,030000				1.019.700	1.056.000													
3	2006	1.117.600	3,0000	1,030000				1.050.291	1.087.680	1.117.600												
4	2007	1.188.000	3,5000	1,035000				1.087.051	1.125.749	1.156.716	1.188.000											
5	2008	1.276.000	3,5000	1,035000				1.125.098	1.165.150	1.197.201	1.229.580	1.276.000										
6	2009	1.276.000	3,5000	1,035000				1.164.476	1.205.930	1.239.103	1.272.615	1.320.660	1.276.000									
Endwerte -->								1.164.476	1.205.930	1.239.103	1.272.615	1.320.660	1.276.000									

Zinssatz manuell eingeben

Baldwin-Methode - Einzahlungsströme (vor Steuern)

Periode	Jahr	Einzahlungen	Zinssatz invH	Faktoren pro Jahr AuF/AbF	Barwerte der Einzahlungen, jährlich auf- bzw. abgezinst Jahr -2	Jahr -1	Jahr 0	Jahr 1	Jahr 2	Jahr 3	Jahr 4	Jahr 5	Jahr 6	Jahr 7	Jahr 8	Jahr 9	Jahr 10	Jahr 11	Jahr 12	Jahr 13	Jahr 14	Jahr 15
	20..	1	2	3	4	5	6	7	8	9	10	11	12	13	14	15	16	17	18	19	20	21
-2																						
-1																						
0	**2003**		0,0000	1,000000				961.165	995.381	1.022.762	1.050.423	1.090.080	1.053.217									
1	2004	990.000	3,0000	0,970874				990.000	1.025.243	1.053.445	1.081.936	1.122.782	1.084.814									
2	2005	1.056.000	3,0000	0,970874					1.056.000	1.085.049	1.114.394	1.156.466	1.117.358									
3	2006	1.117.600	3,0000	0,970874						1.117.600	1.147.826	1.191.160	1.150.879									
4	2007	1.188.000	3,5000	0,966184							1.188.000	1.232.850	1.191.160									
5	2008	1.276.000	3,5000	0,966184								1.276.000	1.232.850									
6	2009	1.276.000	3,5000	0,966184									1.276.000									

Bei der Baldwin-Methode wird vorausgesetzt,

⇒ dass die Zahlungsströme isoliert und bis zum Planungshorizont sowohl der Höhe nach als auch der zeitlichen Verteilung nach geplant werden können;

⇒ dass die finanziellen Mittel zur Finanzierung der Investition am Kapitalmarkt zu einem einheitlichen Kalkulationszinssatz bzw. zu unterschiedlichem Soll- und Habenzinssatz aufgenommen bzw. angelegt werden können.

Die Baldwin-Methode (klassisches Verfahren) wird in der Literatur auch als „modifizierte interne Zinsfuß-Methode“ bezeichnet.

Eine Kongruenz des Baldwin-Zinssatzes mit dem nach der internen Zinsfuß-Methode berechneten Zinssatz besteht nur dann, wenn der Zinssatz der Zwischenveranlagung exakt dem internen Zinssatz des Investitionsprojektes entspricht.

Investitionsrechnung unter Berücksichtigung von Preissteigerungen (vor Steuern)

PREISSTEIGERUNGSRATE % : **1,00**

Periode	Jahr 20..	Auszahlungen A, a 1	Einzahlungen e, R 2	Nettoeinzahlungen NE 3 = 2 - 1	Kumulierte Nettoeinzahlungen 4 = Σ 3	Faktoren 14,85 Prozent 5	Barwerte 14,85 Prozent 6 = 3 * 5	kumulierte Barwerte (Mind.Verz.) 7 = Σ 6	Faktoren 31,87 Prozent 8	Barwerte 31,87 Prozent 9 = Σ 8
-2										
-1										
0	**2003**	1.490.000		-1.490.000	-1.490.000	1,000000	-1.490.000	-1.490.000	1,000000	-1.490.000
1	2004	486.254	999.900	513.646	-976.354	0,870701	447.232	-1.042.768	0,758323	389.509
2	2005	521.818	1.077.226	555.408	-420.947	0,758120	421.066	-621.703	0,575053	319.389
3	2006	555.977	1.151.464	595.487	174.541	0,660096	393.079	-228.624	0,436076	259.678
4	2007	594.942	1.236.238	641.295	815.836	0,574746	368.582	139.958	0,330686	212.067
5	2008	643.067	1.341.089	698.022	1.513.858	0,500432	349.312	489.270	0,250767	175.041
6	2009	649.497	1.354.500	705.002	2.218.860	0,435727	307.188	796.459	0,190162	134.065

ZIELGRÖSSEN	RECHENGANG	ERGEBNISSE		Werte vor Pr.St.
I) Kapitalwert $C_{o,1}$	Spalte 6 summieren	796.459	C_o >= 0 ; absolut vorteilhaft	723.035
II) Kapitalwert $C_{o,2}$	Spalte 9 summieren	-252		-107
III) Rendite der Investition in % (regula falsi)	$r = i_1 - C_{0,1} * \frac{i_2 - i_1}{C_{0,2} - C_{0,1}}$ 31,86 bzw. Excel-Funktion IKV	31,86	r >= i ; vorteilhaft	30,56
IV) ∅ jährl. Überschuss	C_o * KWF (= 0,263170)	209.604	DJÜ >= 0 ; absolut vorteilhaft	190.281
V) Dynamische Amortisationszeit in Jahren	Ermittlung der Zeit, in der die kumulierten Barwerte der Nettoeinzahlungen gleich Null sind (Spalte 7)	3,62	dyn.Amo <= max.Amo.; absolut vorteilhaft	3,71

Investitionsrechnung unter Berücksichtigung von Preissteigerungen

Dieses Formblatt ist aus verschiedenen Gründen nützlich:

⇒ Die reale Welt kennt i. d. R. keine im Zeitablauf konstante Zahlungsreihen, d. h. Preissteigerungen erfährt jeder im alltäglichen Leben.

⇒ Preissteigerungen sind zum Teil erheblich und können im Ausland zweistellige Prozentwerte annehmen.

⇒ Preisänderungen wirken sich auf die Investitionsentscheidung aus.

⇒ Ein falsches Verständnis, wie Preissteigerungen berücksichtigt werden sollen, führt unter Umständen in die Irre (z. B. Zinssatzerhöhung zur Erfassung der Preissteigerungen bei Abzinsungsproblemen, da der Barwert mit größer werdendem Zinssatz kleiner wird).

Nutzungshinweise

⇒ Auf diesem Arbeitsblatt sind keine Eingabedaten erforderlich.

⇒ Die Frage der „richtigen“ Berücksichtigung von Preissteigerungen ist bis heute eine offene Frage der Investitionsrechnung. Empfehlenswert für die Praxis ist, die Preissteigerungen bereits in der Zahlungsreihe zu berücksichtigen.

Optimale Nutzungsdauer der Investition (vor Steuern)

Anschaffungsauszahlung (A): 1.490.000
Nutzungsdauer: 6
Kalkulationszinssatz: 14,85

Formeln: $AbF = (1+i)^{-n}$ $KWF = \frac{i * (1+i)^n}{(1+i)^n - 1}$

Periode	Jahr 20..	Auszahlungen a (1)	Einzahlungen e (2)	Nettoeinzahlungen (e-a) (3 = 2 - 1)	Kumulierte Nettoeinzahlungen (4 = Σ 3)	Faktoren 14,85 Prozent (5)	Barwerte 14,85 Prozent (6 = 5 * 3)	kumulierte Barwerte (Mind.Verz.) (7 = Σ 6)	Restwert (ggf. minus Abbruchko.) (8)	AbF 14,85 (9)	Barwertiger Restwert (R * AbF) (10 = 9 * 8)	Kapitalwert C_o (11=7+10-A)	Ø jährl. Überschuss (12=11*KWF)
-2													
-1													
0	**2003**												
1	2004	481.440	990.000	508.560	508.560	0,870701	442.804	442.804	1.241.667	0,870701	1.081.120	33.924	38.962
2	2005	511.536	1.056.000	544.464	1.053.024	0,758120	412.769	855.573	993.333	0,758120	753.066	118.639	72.837
3	2006	539.626	1.117.600	577.974	1.630.998	0,660096	381.518	1.237.091	745.000	0,660096	491.771	238.862	104.356
4	2007	571.728	1.188.000	616.272	2.247.270	0,574746	354.200	1.591.291	496.667	0,574746	285.457	386.748	135.054
5	2008	611.856	1.276.000	664.144	2.911.414	0,500432	332.359	1.923.650	248.333	0,500432	124.274	557.924	165.847
6	2009	611.856	1.276.000	664.144	3.575.558	0,435727	289.385	2.213.035	0	0,435727	0	723.035	190.281

ZIELGRÖSSEN	ERGEBNISSE	
1) Der maximale Kapitalwert (C_o) beträgt	723.035	
2) Die optimale Nutzungsdauer bei einmaliger Investition wird erreicht in der Periode	6,00	max. barwertiger Kapitalwert; Sp 11
3) Der maximale durchschnittliche jährliche Überschuss (DJÜ) beträgt	190.281	
4) Die optimale Nutzungsdauer bei Investitionskette wird erreicht in der Periode	6,00	max. Ø jährl. Überschuss; Sp 12

Die optimale Nutzungsdauer von Investitionen

⇒ Maßgeblich zur Beurteilung der Wirtschaftlichkeit einer Investition ist weder die rechtliche noch die technische, sondern die wirtschaftliche Nutzungsdauer.

⇒ Es ist zu beachten, ob es sich um eine einmalige Investition handelt, oder eine Investitionskette (wiederholte Investition), da die Entscheidungskriterien anders sind.

⇒ Die zentrale Frage lautet: Wie lange soll ein Unternehmen sein Investitionsgut nutzen, damit die höchste Wirtschaftlichkeit erreicht wird?

⇒ Es kann sinnvoll sein, das Investitionsgut vor Ablauf der technischen Nutzungsdauer zu ersetzen, wenn dadurch ein höherer Überschuss erzielt werden kann.

Nutzungshinweise

⇒ Die *lila* umrandeten Felder wurden zwar standardmäßig verknüpft. Bei einer Differenz vom abschreibungsmäßig ermittelten Rest(buch)wert zum realen Restwert (Veräußerungserlös) ist eine manuelle Editierung unverzichtbar.

⇒ Für die Ermittlung der optimalen Nutzungsdauer bei einmaliger Investition ist der maximal zu erzielende Kapitalwert entscheidend (Kapitalwertmethode).

⇒ Für die Ermittlung der optimalen Nutzungsdauer bei Investitionskette ist der maximale durchschnittliche jährliche Überschuss entscheidend (Annuitätenmethode).

Dreifach - Rechnung (vor Steuern)

Änderungen:			best case			worst case	
	Anschaffungsauszahlung	± invH	Eingabe -->	-10,00	%	10,00	%
	Kalkulations-Zinssatz	± invH	Eingabe -->	-10,00	%	10,00	%
	jährl. Auszahlungen	± invH	Eingabe -->	-10,00	%	10,00	%
	jährl. Einzahlungen + R	± invH	Eingabe -->	10,00	%	-10,00	%

Peri-ode	Jahr	wahrscheinlich					best case					worst case				
		Aus-zahlungen	Ein-zahlungen	Netto-einzah-lungen	Faktoren 14,85 Prozent	Barwerte 14,85 Prozent	Aus-zahlungen	Ein-zahlungen	Netto-einzah-lungen	Faktoren 13,37 Prozent	Barwerte 13,37 Prozent	Aus-zahlungen	Ein-zahlungen	Netto-einzah-lungen	Faktoren 16,34 Prozent	Barwerte 16,34 Prozent
	20..	1	2	3 = 2 - 1	4	5 = 4 * 3	6	7	8 = 7 - 6	9	10 = 9 * 8	11	12	13 = 12-11	14	15=14*13
-2																
-1																
0	**2003**	1.490.000		-1.490.000	1,000000	-1.490.000	1.341.000		-1.341.000	1,000000	-1.341.000	1.639.000		-1.639.000	1,000000	-1.639.000
1	2004	481.440	990.000	508.560	0,870701	442.804	433.296	1.089.000	655.704	0,882106	578.401	529.584	891.000	361.416	0,859587	310.668
2	2005	511.536	1.056.000	544.464	0,758120	412.769	460.382	1.161.600	701.218	0,778112	545.626	562.690	950.400	387.710	0,738889	286.475
3	2006	539.626	1.117.600	577.974	0,660096	381.518	485.663	1.229.360	743.697	0,686377	510.457	593.589	1.005.840	412.251	0,635139	261.837
4	2007	571.728	1.188.000	616.272	0,574746	354.200	514.555	1.306.800	792.245	0,605458	479.671	628.901	1.069.200	440.299	0,545957	240.384
5	2008	611.856	1.276.000	664.144	0,500432	332.359	550.670	1.403.600	852.930	0,534078	455.531	673.042	1.148.400	475.358	0,469297	223.084
6	2009	611.856	1.276.000	664.144	0,435727	289.385	550.670	1.403.600	852.930	0,471114	401.827	673.042	1.148.400	475.358	0,403402	191.760

ZIELGRÖSSEN	RECHENGANG		Ergebnis			Ergebnis			Ergebnis
I) Kapitalwert C_o	Spalte Barwerte summieren		723.035	C_o >= 0 ; absolut vorteilhaft		1.630.512			-124.791
II) Interner Zinsfuß	Excel-Funktion IKV		30,56	r >= i ; vorteilhaft		48,77			13,55
III) ∅ jährl. Überschuss	C_o * KWF	0,263170	190.281	DJÜ >=0 ; abs vorteilhaft	KWF = 0,252701	412.032		KWF = 0,273802	-34.168
IV) Dynamische Amortisationszeit in Jahren	Ermittlg der Zeit, in der die kum. Barwerte der Nettoeinzlg."0" sind		3,71	dyn.Amo <= max.Amo.; absolut vorteilhaft		2,43			

Dreifach-Rechnung

⇒ Bei der Dreifach-Rechnung werden die gewünschten Zielgrößen unter Berücksichtigung dreier verschiedener Zukunftsannahmen bzw. Bedingungen ermittelt:

- unter sehr günstigen (best case),
- unter wahrscheinlichen und
- unter sehr ungünstigen (worst case).

⇒ Die Dreifach-Rechnung berücksichtigt nicht nur die Veränderung einer einzelnen Zielgröße, vielmehr werden mehrere Eingabevariablen gleichzeitig einbezogen.

⇒ Die Dreifach-Rechnung ist sinnvoll, wenn

- Risiken und Chancen ungleich sind,
- die Entscheidungsträger das Ausmaß und die Wirkungen von Risiken und Chancen sehen wollen,
- mehrere Inputgrößen risikobehaftet sind.

Nutzungshinweise

⇒ Bei den *lila* umrandeten Feldern können bzgl. folgender Kriterien eigene Prozentsätze (jeweils mit Plus- oder Minuszeichen) eingegeben werden:

- Anschaffungsauszahlung
- Kalkulationszinssatz
- Jährliche Auszahlungen
- Jährliche Einzahlungen (inkl. Restwert)

⇒ Nutzen Sie die interessanten Möglichkeiten zur Risikobeurteilung durch mehrmalige Änderungen der Eingabewerte!

Zielgrößen - Änderungsrechnung (vor Steuern)

Änderungsrate in %: 10,00

		1	2	3	4	5	6	7
				Werte vor Änderung: -->	723.035	30,56	190.281	3,71
		Ausgangs-daten	Änderung in %	Werte nach der Änderung	Kapitalwert nach Änderung	Interner Zinssatz nach Änderung	DJÜ nach Änderung	Amortisation nach Änderung
Kapitaleinsatz (Anschaffungsauszahlung)	€	1.490.000	- 10,00 %	1.341.000	872.035	35,45	229.494	3,29
			+ 10,00 %	1.639.000	574.035	26,41	151.069	4,14
jährliche Auszahlungen (ohne "A") (ab Zeitpunkt "1")	€	543.340	- 10,00 %	489.006	929.494	34,69	244.615	3,35
			+ 10,00 %	597.674	516.576	26,29	135.947	4,16
jährliche Einzahlungen (ohne "R") (ab Zeitpunkt "1")	€	1.125.745	- 10,00 %	1.013.170	295.272	21,55	77.707	4,77
			+ 10,00 %	1.238.319	1.150.798	38,99	302.856	3,03
Kalkulationszinssatz (invH)	%	14,85	- 10,00 %	13,37	819.686	30,56	207.135	3,59
			+ 10,00 %	16,34	632.599	30,56	173.207	3,84
Restwert(erlös)	€	0	- 10,00 %	0	723.035	30,56	190.281	3,71
			+ 10,00 %	0	723.035	30,56	190.281	3,71

Zielgrößen-Änderungsrechnung

⇒ Dieses Verfahren beantwortet die Frage, um wieviel sich der Wert einer Zielgröße (z. B. Kapitalwert, interner Zinsfuß …) ändert, wenn **eine** Eingabevariable um einen bestimmten Prozentsatz von ihrem Ausgangswert (wahrscheinlicher Wert) abweicht.

⇒ Die Anwendung lohnt dann, wenn besondere Risiken und deren Einschätzung bei einem Investitionsprojekt gegeben sind.

Nutzungshinweise

⇒ Es ist lediglich der Prozentsatz (*lila* umrandetes Feld) einzugeben. Die restlichen Resultate werden automatisch errechnet.

⇒ Nutzen Sie durch die mehrmalige Änderung des Eingabewertes die vielfältigen Möglichkeiten an Szenarien.

Kritische-Werte-Rechnung (vor Steuern) - Kritische Anschaffungsauszahlung

1) Kapitalwertfunktion aufstellen	$C_o =$	-A + BW
2) Kapitalwert gleich "0" setzen	0 =	$-A_{kr}$ + BW
3) Gleichung nach der gesuchten Größe auflösen	$A_{kr} =$	BW

ZAHLUNGSSTRÖME:

Periode	Jahr 20..	Auszahlungen A, a 1	Einzahlungen e, R 2	Nettoeinzahlungen NE 3 = 2 - 1	Kumulierte Nettoeinzahlungen 4 = Σ 3	Faktoren 14,85 Prozent 5	Barwerte 14,85 Prozent 6 = 3 * 5	kumulierte Barwerte (Mind.Verz.) 7 = Σ 6
-2								
-1								
0	2003	2.213.035		-2.213.035	-2.213.035	1,000000	-2.213.035	-2.213.035
1	2004	481.440	990.000	508.560	-1.704.475	0,870701	442.804	-1.770.231
2	2005	511.536	1.056.000	544.464	-1.160.011	0,758120	412.769	-1.357.462
3	2006	539.626	1.117.600	577.974	-582.037	0,660096	381.518	-975.944
4	2007	571.728	1.188.000	616.272	34.235	0,574746	354.200	-621.744
5	2008	611.856	1.276.000	664.144	698.379	0,500432	332.359	-289.385
6	2009	611.856	1.276.000	664.144	1.362.523	0,435727	289.385	0

ZIELGRÖSSEN	RECHENGANG	ERGEBNIS	
I) Kapitalwert C_o	siehe Hinweis!	0	Kriterium: $C_o = 0$

Hinweis: Die Ermittlung der kritischen Anschaffungsauszahlung erfolgt in Excel mittels der Funktion "Zielwertsuche" unter der Menüzeile "Extras".
Als Zielzelle gilt "G32" (Ergebnis: Kapitalwert); Zielwert "0"; und die veränderbare Zelle ist "C14" (Anschaffungsauszahlung).

Kritische Werte-Rechnung

⇒ Bei diesem Verfahren wird allgemein ermittelt, welchen Höchst- oder Mindestwert eine Variable annehmen darf, damit die Investition noch vorteilhaft bleibt. Der kritische Wert (auch Break-even-point genannt) einer Variablen (Inputgröße) ist daher jener Wert, bei welchem die Investition gerade noch lohnend ist.

⇒ Als kritische Werte können z. B. gelten:

Höchstwerte	Mindestwerte
Kritische Anschaffungsauszahlung	Kritische Absatzmenge
Kritische variable Auszahlungen je Einheit	Kritische Nutzungsdauer

Nutzungshinweis

⇒ Die Ermittlung der kritischen Anschaffungsauszahlung erfolgt in Excel mittels der Funktion „Zielwertsuche“ unter der Menüzeile „Extras“. Als Zielzelle gilt „G32“ (Ergebnis: Kapitalwert); Zielwert „0“; und die veränderbare Zelle ist „C14“ (Anschaffungsauszahlung).

Kritische-Werte-Rechnung (vor Steuern) - Kritische Anschaffungsauszahlung

Nutzungsdauer (ND):	6 Jahre	**Anschaffungsauszahlung (A):**	1.490.000
Kalkulationszinssatz:	14,85 %	**Restwerterlös:**	0
∅ jährl. Einzahlungen:	1.125.745 (ohne "R")	**∅ jährl. Auszahlungen:**	543.340 (ohne "A")

Ermittlung der kritischen Anschaffungsauszahlung nach der Annuitätenmethode:

a) DJÜ-Funktion aufstellen: $DJÜ = e + R * RVF_n - a - A * KWF_n$

$$RVF = \frac{i}{(1+i)^n - 1}$$

$$KWF = \frac{i * (1+i)^n}{(1+i)^n - 1}$$

b) DJÜ gleich "Null" setzen:

	e		R		RVF		a		A		KWF
0 =	1.125.745	+	0	*	0,114670	-	543.340	-	1.490.000	*	0,263170

c) Nach "x" auflösen:

$$x = \frac{1.125.745 + 0 - 543.340}{0,263170}$$

x = 2.213.035 **"Kritische Anschaffungsauszahlung"**

Kritische Anschaffungsauszahlung nach der Annuitätenmethode

Vorgehensweise:

1. Schritt: DJÜ-Funktion aufstellen.
2. Schritt: DJÜ gleich null setzen.
3. Schritt: Gleichung nach „x“ (kritische Anschaffungsauszahlung) auflösen.

Warum ein weiteres Verfahren anwenden?

⇒ Es stellt eine mathematische Kontrollrechnung gegenüber der Zielwertfunktion von Excel dar.

⇒ Die Rechenschritte werden transparent.

Nutzungshinweis

⇒ Eine Eingabe ist nicht erforderlich.

Kritische-Werte-Rechnung (vor Steuern) - Kritische Nutzungsdauer

Ø jährl. Einzahlungen:	1.125.745 (ohne "R")	**Anschaffungsauszahlung (A):**	1.490.000
Ø jährl. Auszahlungen:	543.340 (ohne "A")	**Restwerterlös (R):**	0
Ø jährl. Überschuss:	582.405	**Zinssatz (invH):**	0,1485

Ermittlung der kritischen Nutzungsdauer mittels Logarithmierens:

Zwecks Logarithmierens ist die Kapitalwertfunktion in allgemeiner Weise aufzustellen, der Kapitalwert gleich Null zu setzen und die Gleichung so umzuformen, dass n_{kr} auf der linken Seite steht.

$$C_o = -A + (e-a) * \frac{(1+i)^n - 1}{i(1+i)^n} + R * \frac{1}{(1+i)^n} \quad \Big| \quad C_o = 0 \text{ -->}$$

$$0 = -A + (e-a) * \frac{(1+i)^{nkr} - 1}{i(1+i)^{nkr}} + R * \frac{1}{(1+i)^{nkr}} \quad \Big| \quad * \, i(1+i)^{nkr} \text{ -->}$$

$$0 = -A * i(1+i)^{nkr} + (e-a)[(1+i)^{nkr} - 1] + R * i \quad \Big| \quad \text{eckige Klammer ausmultiplizieren -->}$$

$$0 = -A * i(1+i)^{nkr} + (e-a)(1+i)^{nkr} - (e-a) + R * i \quad \Big| \quad +(e-a) - R * i \text{ -->}$$

$$(e-a) - R * i = (1+i)^{nkr} [(e-a) - A * i] \quad \Big| \quad / [(e-a) - A * i] \text{ -->}$$

$$(1+i)^{nkr} = \frac{(e-a) - R * i}{(e-a) - A * i} \quad \Big| \quad \text{logarithmieren -->}$$

$$n_{kr} * \lg(1+i) = \lg \frac{(e-a) - R * i}{(e-a) - A * i}$$

$$n_{kr} = \frac{\lg \frac{(e-a) - R * i}{(e-a) - A * i}}{\lg(1+i)} \Rightarrow$$

Berechnung:

$$n_{kr} = \frac{\lg \frac{582.405 - 0 * 0,1485}{582.405 - 1.490.000 * 0,1485}}{\lg 1,1485}$$

$$n_{kr} = \frac{\lg \frac{582.405}{361.140}}{\lg 1,1485} \text{ -->} \quad n_{kr} = \frac{0,207550}{0,060131} = \mathbf{3,45 \ Jahre}$$

Hinweis:
Ist der Restwerterlös gleich "0" und "e" bzw. "a" im Zeitablauf konstant, dann stimmt diese Berechnung mit der dyn. Amortisationszeit überein. Der oben angeführte Restwerterlös kann manuell mit "0" überschrieben werden, um eine Vergleichbarkeit mit der dyn. Investitionsrechnung herbei zu führen, sofern die Amortisationszeit < als die ND ist.
Zur Vereinfachung wird "R" im Zeitablauf als konstant angenommen.

Kritische Nutzungsdauer

Was bedeutet der Begriff „Amortisationszeit“?

⇒ Für die Vorteilhaftigkeit einer Investition ist es entscheidend, dass die tatsächliche Amortisationszeit (= die Anzahl der Perioden, die man braucht, um die Investitionsanschaffungsauszahlung – ggf. verringert um den Restwert – aus den Rückflüssen wieder zu gewinnen) nicht größer ist, als die vom Investor maximal zulässige Amortisationszeit.

Auf welche Weise kann die kritische Nutzungsdauer ermittelt werden?

⇒ a) auf mathematischem Wege mit Hilfe der „Regula-falsi“-Gleichung (lineare Interpolation) nach der Formel:

$$n_{kr} = n_1 - C_{0,1} * \frac{n_2 - n_1}{C_{0,2} - C_{0,1}}$$

Hinweis: Dieses Verfahren wird bei der Investitionsrechnung „dynamische Methoden“ angewandt.

⇒ b) mittels Logarithmierens (wie im vorliegenden Fall).

⇒ Hinweis: Auf weitere Methoden wie z. B. grafische Ermittlung wird nicht näher eingegangen.

⇒ Ist der Restwert gleich null und „e“ bzw. „a“ im Zeitablauf konstant, dann stimmt diese Berechnung mit der Methode der linearen Interpolation (siehe dynamische Investitionsrechnung) überein.

⇒ Zur Vereinfachung wird „R“ im Zeitablauf als konstant angenommen.

Kritische-Werte-Rechnung (vor Steuern) - Kritische Menge

Nutzungsdauer (ND):	6 Jahre		**Anschaffungsauszahlung (A):**	1.490.000
Kalkulationszinssatz:	14,85 %		**Restwerterlös:**	0
Fixe Auszahlungen pro Periode:	30.000	<-- Eingabe!	**∅ variable Preisminderungen pro Einheit:**	0,1091
∅ Verkaufspreis pro Einheit:	0,9091		**∅ variable Auszahlungen pro Einheit:**	0,3648

Ermittlung der kritischen Menge nach der Annuitätenmethode:

1) DJÜ-Funktion aufstellen:

$$DJÜ = e + R * RVF_n - a - A * KWF_n$$

$$RVF = \frac{i}{(1+i)^n - 1}$$

$$KWF = \frac{i\,(1+i)^n}{(1+i)^n - 1}$$

	e			R		RVF		a_{var}			a_{fix}		A		KWF
DJÜ =	0,8000	x	+	0	*	0,114670	-	0,3648	x	-	30.000	-	1.490.000	*	0,263170

2) DJÜ gleich Null setzen:

0 =	0,8000	x	+	0	-	0,3648	x	-	30.000	-	392.124
0 =	0,4352	x	-	422.124							

3) Nach "x_{kr}" auflösen:

0,4352 x_{kr} = 422.124

x_{kr} = 969.953 (Stück / Jahr) --> Kritische Menge

Kritische Mengen und Werte

Wie ermittelt man die kritische Menge nach der Annuitätenmethode?

1. Schritt: DJÜ-Funktion aufstellen
   ($DJÜ = e + R * RVF_n - a - A * KWF_n$).
2. Schritt: DJÜ-Funktion gleich null setzen.
3. Schritt: Gleichung nach der gewünschten Zielgröße auflösen.

Warum die kritische Menge ermitteln?

Die Ermittlung der kritischen Menge errechnet jenen Wert (Mindestmenge), bei welcher die Investition gerade noch lohnend ist.

Nutzungshinweise

⇒ Die *lila* umrandeten Felder sind Eingabefelder. Es ist möglich diese Felder durch Verknüpfungen automatisch errechnen zu lassen.

⇒ Die Gleichung wird automatisch errechnet, d. h. es sind weder weitere Eingaben noch Rechenschritte erforderlich.

⇒ Um eine möglichst umfassende Nutzung des Systems (Software) für sämtliche Anwender zu gewährleisten, wurden die Werte pro Einheit auf vier Kommastellen vordefiniert.

Kritische-Werte-Rechnung (vor Steuern) - Kritische Menge

Nutzungsdauer (ND):	6 Jahre	**Anschaffungsauszahlung (A):**	1.490.000
Kalkulationszinssatz:	14,85 %	**Restwerterlös:**	0
Fixe Auszahlungen pro Periode:	30.000	**∅ variable Preisminderungen pro Einheit:**	0,1091
∅ Verkaufspreis pro Einheit:	0,9091	**∅ variable Auszahlungen pro Einheit:**	0,3648

Ermittlung der kritischen Menge nach der Kapitalwertmethode:

1) C_o-Funktion aufstellen:

$$C_o = - A + (e-a) * DSF_n + R * AbF_n$$

$$DSF = \frac{(1+i)^n - 1}{i\,(1+i)^n}$$

$$AbF = (1+i)^{-n}$$

$$C_o = \underset{A}{-1.490.000} + (\underset{e}{0{,}8000}\ x - \underset{a_{fix}}{30.000} - \underset{a_{var}}{0{,}3648}\ x) * DSF_n + \underset{R}{0} * AbF_n$$

2) C_o gleich Null setzen:

$$0 = -1.490.000 + (0{,}4352\ x - 30.000) * 3{,}799821 + 0 * 0{,}435727$$

3) Nach "x_{kr}" auflösen:

$$\underset{A}{-1.490.000} - \underset{R}{0} * \underset{AbF}{0{,}435727} = (\underset{ü}{0{,}4352}\ x - \underset{a_{fix}}{30.000}) * DSF_n$$

$$0{,}4352\ x - 30.000 = \frac{1.490.000 - 0}{3{,}799821}$$

$$0{,}4352\ x = 392.124 + 30.000$$

$$x_{kr} = 969.953$$ **(Stück / Jahr)** **--> Kritische Menge**

Wie ermittelt man die kritische Menge nach der Kapitalwertmethode?

1. Schritt: Kapitalwertfunktion aufstellen
   (C_0 = -A + (e – a) * DSF_n + R * AbF_n).
2. Schritt: Kapitalwerfunktion gleich null setzen.
3. Schritt: Gleichung nach der gewünschten Zielgröße auflösen.

Nutzungshinweise

⇒ Auf diesem Rechenblatt sind keine Eingaben erforderlich.

⇒ Das Ergebnis nach der Kapitalwertmethode muss identisch mit dem Ergebnis nach der Annuitätenmethode sein.

⇒ Je nach Bedarf kann eines der beiden Arbeitsblätter in Excel ausgeblendet werden.

Investitionsrechnung - Differenzinvestition

Vor Steuern: "x"
Nach Steuern:

ZAHLUNGSSTRÖME:

Periode	Jahr 20..	Nettoeinzlg. Projekt 1	Nettoeinzlg. Projekt 2	Differenz-investition	Kumulierte Übersch. Diff.Investition	Faktoren 14,85 Prozent	Barwerte 14,85 Prozent	kumulierte Barwerte (Mind.Verz.)	Faktoren 50,89 Prozent	Barwerte 50,89 Prozent
		1	2	3 = 1 - 2	4 = Σ 3	5	6 = 3 * 5	7 = Σ 6	8	9 = Σ 8
-2										
-1										
0	**2003**	-1.490.000	-1.320.000	-170.000	-170.000	1,000000	-170.000	-170.000	1,000000	-170.000
1	2004	508.560	420.000	88.560	-81.440	0,870701	77.109	-92.891	0,662734	58.692
2	2005	544.464	460.000	84.464	3.024	0,758120	64.034	-28.857	0,439217	37.098
3	2006	577.974	490.000	87.974	90.998	0,660096	58.071	29.214	0,291084	25.608
4	2007	616.272	510.000	106.272	197.270	0,574746	61.079	90.294	0,192912	20.501
5	2008	664.144	520.000	144.144	341.414	0,500432	72.134	162.428	0,127849	18.429
6	2009	664.144	550.000	114.144	455.558	0,435727	49.736	212.164	0,084730	9.671

ZIELGRÖSSEN	RECHENGANG	RECHENGANG - alternativ	ERGEBNISSE	
I) Kapitalwert $C_{0,1}$	Spalte 6 summieren		212.164	C_0 >= 0 ; absolut vorteilhaft
II) Kapitalwert $C_{0,2}$	Spalte 9 summieren		-1	
III) Rendite der Investition in % (regula falsi)	$r = i_1 - C_{0,1} * \frac{i_2 - i_1}{C_{0,2} - C_{0,1}}$ 50,89	bzw. Excel-Funktion IKV	50,89	r >= i ; vorteilhaft
IV) ∅ jährl. Überschuss	C_0 * KWF (= 0,263170)		55.835	DJÜ >= 0 ; absolut vorteilhaft
V) Dynamische Amortisationszeit in Jahren	Ermittlung der Zeit, in der die kumulierten Barwerte der Nettoeinzahlungen gleich Null sind (Spalte 7)		2,50	dyn.Amo <= max.Amo.; absolut vorteilhaft

Hinweis: Anschaffungsauszahlung sowie Überschüsse < 0 sind mit Minus-Zeichen "-" einzugeben!

Investitionsrechnung – Differenzinvestition

Wann soll das Verfahren der Differenzinvestition angewendet werden?

⇒ Wenn die Prämisse der vollständigen Alternativen nicht gegeben ist, d. h. wenn bei Investitionsprojekten folgende Unterschiede vorliegen:

- unterschiedlicher Kapitaleinsatz.
- unterschiedliche Nutzungsdauer.
- unterschiedliche Struktur der Rückflüsse.

⇒ Die Differenzinvestition ist eine isoliert durchführbare Investition.

⇒ Ist die Differenzinvestition eine zusammengesetzte Investition, so ist die Durchführung des Alternativenvergleiches mittels der Kapitalwertmethode gegenüber der internen Zinsfuß-Methode vorteilhafter.

Nutzungshinweise

⇒ Anschaffungsauszahlung sowie Überschüsse kleiner null (< 0) sind mit Minus-Zeichen „–“ einzugeben.

⇒ Im Rahmen der vorliegenden Fallstudie dient die Differenzinvestition lediglich der Erklärung.

⇒ Es können sowohl die Zahlungsströme vor, als auch nach Steuern eingegeben werden. Eines der beiden auf dem Rechenformular rechts oben befindlichen Felder ist mit einem „x“ zu versehen.

NUTZWERTANALYSE - INVESTITIONEN

Z	Zielkriterien		Matrix der Teilnutzwerte			Kriterien-gewichte	Matrix der gewichteten Teilnutzenwerte		
1	**Kriteriengruppe: Absatzmarkt**	Σ	**55**	**0**	**0**	**23**	**253**	**0**	**0**
1.1	Marktanteilsvergrößerung		15			5	75		
1.2	Unterstützt Marktstrategien		10			4	40		
1.3	Werbereagibilität		10			4	40		
1.4	Kundenbindung		5			5	23		
1.5	Logistik		15			5	75		
2	**Kriteriengruppe: Beschaffungsmarkt**	Σ	**45**	**0**	**0**	**18**	**205**	**0**	**0**
2.1	Beschaffbarkeit von Arbeitskräften		10			5	50		
2.2	Beschaffbarkeit von Rohmaterialien		15			5	75		
2.3	Lieferzeit		10			4	40		
2.4	Kundendienst / Zuverlässigkeit des Lieferanten		10			4	40		
3	**Kriteriengruppe: Produktion und Technik**	Σ	**70**	**0**	**0**	**19**	**270**	**0**	**0**
3.1	Produktivität / Automatisierungsgrad		15			5	75		
3.2	Kapazitätsreserven		20			4	80		
3.3	Bedienbarkeit		15			4	60		
3.4	Energieversorgung		5			2	10		
3.5	Auswirkungen auf Schichtbetrieb		0			1			
3.6	Störungen im Betriebsablauf		15			3	45		
4	**Kriteriengruppe: Zentrale Dienstleistungen**	Σ	**50**	**0**	**0**	**15**	**190**	**0**	**0**
4.1	EDV-Anforderungen Hardware		10			4	40		
4.2	EDV-Anforderungen Software		10			4	40		
4.3	EDV-Anforderungen Schulungen		10			3	30		
4.4	Controlling		20			4	80		
5	**Kriteriengruppe: Personal**	Σ	**50**	**0**	**0**	**11**	**145**	**0**	**0**
5.1	Anforderungen an Personal		15			3	45		
5.2	Unfallsicherheit		10			2	20		
5.3	Staub-, Lärm- und andere Belästigungen		15			4	60		
5.4	Erfüllung von Anforderungen durch Betriebsrat		10			2	20		
6	**Kriteriengruppe: Umwelt, Infrastruktur**	Σ	**55**	**0**	**0**	**14**	**205**	**0**	**0**
6.1	Übereinstimmung mit behördlichen Planungen		20			5	100		
6.2	Emissionen u.ä.		15			3	45		
6.3	Imageverbesserung in der Öffentlichkeit		10			3	30		
6.4	Erfüllung sozialpolitischer Erfordernisse		10			3	30		
	Summe der Nutzwerte					**100**	**1.268**	**0**	**0**

Wertmaßstab für Teilnutzwerte:

20 = sehr gut
15 = gut
10 = befriedigend
5 = ausreichend
0 = ungenügend

Gesamtnutzen beträgt: 100 * 20 → Maximaler Nutzen daher:

$$\frac{1.268 * 100}{1.990} = 63{,}38$$

Nutzwertanalyse von Investitionen

⇒ Praktische Erfahrungen zeigen, dass sich Investitionsentscheidungen zuweilen an mehreren Zielen orientieren.

⇒ Nicht alle Kriterien lassen sich quantifizieren bzw. in monetären Messgrößen bewerten.

Definition

Nutzwertanalyse ist eine Analyse mit deren Hilfe der Nutzwert für jedes alternative Investitionsobjekt ermittelt wird, worunter der quantifizierbare Ausdruck für den subjektiven Wert einer Investition hinsichtlich des Erreichens multipler Ziele im Sinne (der Formulierung) der Zielkriterien durch den Entscheidungsträger, in Form einer Rangordnung verstanden wird.

Ergebnis

Eine Investition ist umso positiver zu beurteilen, je höher der Nutzwert liegt.

Nutzungshinweise

⇒ Die Zielkriterien können individuell festgelegt werden.

⇒ Die Berechnung ist so aufgebaut, dass auch die Kriteriengewichtung selbst vorgenommen werden kann, wenngleich in der Praxis – aus verschiedensten Gründen – meist darauf geachtet wird, dass die Summe der Kriteriengewichte „100“ ergibt.

⇒ Im Rahmen der vorliegenden Fallstudie war die Durchführung einer Nutzwertanalyse nicht vorgesehen.

Finanzmathematische Tabelle (nachschüssig):

	Zinssatz:	14,85	Prozent (%)			
n	AuF	AbF	DSF	KWF	EWF	RVF
	$(1+i)^n$	$(1+i)^{-n}$	$(1+i)^n - 1$ / $i(1+i)^n$	$i(1+i)^n$ / $(1+i)^n - 1$	$(1+i)^n - 1$ / i	i / $(1+i)^n - 1$
1	1,148500	0,870701	0,870701	1,148500	1,000000	1,000000
2	1,319052	0,758120	1,628821	0,613941	2,148500	0,465441
3	1,514932	0,660096	2,288917	0,436888	3,467552	0,288388
4	1,739899	0,574746	2,863663	0,349203	4,982484	0,200703
5	1,998274	0,500432	3,364095	0,297257	6,722383	0,148757
6	2,295017	0,435727	3,799821	0,263170	8,720656	0,114670
7	2,635828	0,379387	4,179209	0,239280	11,015674	0,090780
8	3,027248	0,330333	4,509542	0,221752	13,651501	0,073252
9	3,476794	0,287621	4,797163	0,208457	16,678749	0,059957
10	3,993098	0,250432	5,047595	0,198114	20,155544	0,049614
11	4,586073	0,218051	5,265647	0,189910	24,148642	0,041410
12	5,267105	0,189858	5,455504	0,183301	28,734715	0,034801
13	6,049270	0,165309	5,620814	0,177910	34,001821	0,029410
14	6,947587	0,143935	5,764748	0,173468	40,051091	0,024968
15	7,979304	0,125324	5,890073	0,169777	46,998678	0,021277
16	9,164230	0,109120	5,999193	0,166689	54,977982	0,018189
17	10,525118	0,095011	6,094203	0,164090	64,142212	0,015590
18	12,088099	0,082726	6,176929	0,161893	74,667330	0,013393
19	13,883181	0,072030	6,248959	0,160027	86,755429	0,011527
20	15,944834	0,062716	6,311675	0,158437	100,638610	0,009937
25	31,862143	0,031385	6,522659	0,153312	207,825882	0,004812
30	63,669287	0,015706	6,628241	0,150870	422,015400	0,002370
35	127,228669	0,007860	6,681078	0,149676	850,024707	0,001176
40	254,237718	0,003933	6,707520	0,149086	1705,304496	0,000586
45	508,036574	0,001968	6,720752	0,148793	3414,387706	0,000293

Finanzmathematische Tabelle (vorschüssig):

	Zinssatz:	14,85	Prozent (%)			
n	AuF	AbF	DSF	KWF	EWF	RVF
	$(1+i)^{(n-1)}$	$(1+i)^{(-n+1)}$	$(1+i)^n -1)*(1+i$ / $i(1+i)^n$	$i(1+i)^n$ / $(1+i)^n -1)*(1+i$	$(1+i)^n -1)*(1+i$ / i	$i*(1+i)^{-1}$ / $(1+i)^n - 1$
1	1,000000	1,000000	1,000000	1,000000	1,148500	0,870701
2	1,148500	0,870701	1,870701	0,534559	2,467552	0,405260
3	1,319052	0,758120	2,628821	0,380399	3,982484	0,251100
4	1,514932	0,660096	3,288917	0,304051	5,722383	0,174752
5	1,739899	0,574746	3,863663	0,258822	7,720656	0,129523
6	1,998274	0,500432	4,364095	0,229143	10,015674	0,099844
7	2,295017	0,435727	4,799821	0,208341	12,651501	0,079042
8	2,635828	0,379387	5,179209	0,193080	15,678749	0,063781
9	3,027248	0,330333	5,509542	0,181503	19,155544	0,052204
10	3,476794	0,287621	5,797163	0,172498	23,148642	0,043199
11	3,993098	0,250432	6,047595	0,165355	27,734715	0,036056
12	4,586073	0,218051	6,265647	0,159600	33,001821	0,030301
13	5,267105	0,189858	6,455504	0,154907	39,051091	0,025607
14	6,049270	0,165309	6,620814	0,151039	45,998678	0,021740
15	6,947587	0,143935	6,764748	0,147825	53,977982	0,018526
16	7,979304	0,125324	6,890073	0,145136	63,142212	0,015837
17	9,164230	0,109120	6,999193	0,142874	73,667330	0,013575
18	10,525118	0,095011	7,094203	0,140960	85,755429	0,011661
19	12,088099	0,082726	7,176929	0,139335	99,638610	0,010036
20	13,883181	0,072030	7,248959	0,137951	115,583444	0,008652
25	27,742397	0,036046	7,491273	0,133489	238,688025	0,004190
30	55,436906	0,018039	7,612535	0,131362	484,684687	0,002063
35	110,778118	0,009027	7,673218	0,130323	976,253375	0,001024
40	221,365013	0,004517	7,703586	0,129810	1958,542214	0,000511
45	442,347910	0,002261	7,718783	0,129554	3921,424280	0,000255

N.B.: Die vorschüssigen Faktoren werden nicht für die Berechnung herangezogen sondern dienen lediglich als Zusatzinfo.

Finanzmathematische Tabellen

⇒ Auf der beiliegenden CD-ROM ist eine finanzmathematische Tabelle abgespeichert. Darauf befinden sich die wichtigsten sechs finanzmathematischen Faktoren (nachschüssig). Eine zusammenfassende Erklärung finden Sie auch in Abschnitt B.

⇒ Es ist lediglich die Eingabe des gewünschten Prozentsatzes erforderlich (im Formblatt „Investitionsprämissen und Ergebnisübersicht). Sämtliche anderen Zellenergebnisse werden automatisch errechnet.

⇒ Durch diese finanzmathematische Tabelle ist auch eine anderweitige Nutzung – außerhalb der Investitionsanalyse – gegeben (z. B. Rentenbarwertermittlung etc.).

Investitionskontrolle / Projektberichtswesen

für das Jahr ☐

Projektbezeichnung ☐ **Bereich** ☐

Gegenstand der Investition ☐

Projektbericht von: ....

an: ....

(zutreffendes bitte ankreuzen)

1.) Leistungen:	Arbeiten laufen planmäßig	☐
	geringe Schwierigkeiten (können selbst behoben werden)	☐
	Große Probleme (können wahrscheinlich gelöst werden)	☐
	Keine Lösung in Sicht	☐
2.) Termine:	Termine werden eingehalten	☐
	Termine verzögern sich, aber aufholbar	☐
	Es ist mit einer Terminüberschreitung von ____________ zu rechnen	☐
3.) Kosten:	Budget wird eingehalten	☐
	Kostenüberschreitungen können aufgefangen werden	☐
	Mit Kostenüberschreitungen in Höhe von ____________ ist zu rechnen	☐
4.) Abweichungsbericht:	Die Kostenüberschreitung beträgt in Bezug auf das Gesamtinvestitionsvolumen:	
	gleich / mehr als 5,00% oder	☐
	weniger als 5,00% aber mehr als 50.000 €	☐
	Der schriftliche Abweichungsbericht ist beigefügt.	☐

5.) Besonderheiten, Hinweise ....

Ort, Datum, Unterschrift

Überwachung des Investitionsprojektes

⇒ Die in der Praxis meist verbreiteten Faktoren der Investitionskontrolle sind:

- Leistungen,
- Termine sowie
- Zahlungsströme/Aufwendungen bzw. Kosten.

⇒ Die Zielsetzungen der Investitionskontrollen sind:

- Einleitung von Verbesserungs- bzw. Ergänzungsmaßnahmen,
- Verbesserung künftiger Investitionsplanungen,
- Überprüfung der Prämissen im Vergleich zur Ist-Situation,
- Objektivierung der Investitionsplanung und Investitionsentscheidung,
- systematische Auswertung der Einflussfaktoren und der Ergebnisse,
- Feststellung der formellen Vorschriften,
- Überprüfung, ob die Investition den Zielsetzungen des Investors entspricht,
- Überprüfung der Projektdokumentation.

E Dynamische Stückkostenrechnung als Sonderfall der Investitionsrechnung

Auf einen Blick:

⇒ Praktische Anwendungsmöglichkeiten.

⇒ Die zwei wichtigsten Methoden zur Ermittlung der dynamischen Stückkosten.

In der Literatur wird die dynamische Stückkostenrechnung sowohl im Bereich der modernen Kosten- und Leistungsrechnung als auch im Bereich der betrieblichen Investitionswirtschaft behandelt. Einerseits ist die Stückkostenkalkulation Aufgabe der Kostenrechnung, andererseits werden finanzmathematische Verfahren – wie bei der Investitionsrechnung – angewandt.

Wann ist die dynamische Stückkostenrechnung sinnvoll?

Dann, wenn keine zeitliche Konformität von Kosten und Leistungen gegeben ist. Mit anderen Worten: Wenn die zur Leistungserstellung verursachten Kosten bereits vor und/oder nach der Leistungserstellung anfallen. Dann nämlich, erweist sich die in der Kostenrechnung übliche Zinsberechnung (kalkulatorische Zinsen = betriebsnotwendiges Kapital * kalkulatorischer Zinssatz) als unzureichend.

Und in zahlreichen Fällen gibt es keinen zeitlichen Zusammenhang zwischen Leistung und Kosten wie z. B. bei vorzuleistenden Auszahlungen. Beispiele: Viele Jahre vor der Erdölgewinnung liegt die Suche nach Vorkommen, viele Jahre vor der Gewinnung von Holz müssen Bäume gesetzt werden, viele Jahre vor der Einführung eines neues Medikamentes sind intensive Forschungsarbeiten nötig usw. Aber auch nachzuleistende Auszahlungen kommen in der Praxis vor. Beispiele: Ein Unternehmen, das seine Produktion in ein Billiglohnland verlegen möchte, hat einen Sozialplan zu erstellen, ein Chemiewerk das schließt, muss die Landschaft sanieren bzw. rekultivieren, ein Bergwerk muss spätere Bergschäden regulieren, ein Atomkraftwerk das schließen will, muss für die Entsorgung Zahlungen leisten etc.

In solchen genannten Fällen ist also die Berücksichtigung investitionsrechnerischer Verfahren erforderlich.

Zur Errechnung der dynamischen Stückkosten werden in der Praxis i. d. R. die Annuitätenmethode sowie die Kapitalwertmethode eingesetzt.

Dynamische Stückkosten nach der Annuitätenmethode:

$$\text{Dynamische Stückkosten (€/LE)} = \frac{\text{DJA (€/J)}}{\text{DJM (LE/J)}} = \frac{\varnothing \text{ jährl. Auszlg.}}{\varnothing \text{ jährl. Menge}}$$

Dynamische Stückkosten nach der Kapitalwertmethode:

$$\text{Dynamische Stückkosten (€/LE)} = \frac{\text{Auszahlungsbarwert}}{\text{Mengenbarwert}} = \frac{A_o \text{ (€)}}{M_o \text{ (LE)}}$$

Das folgende Formular wurde speziell für die Berechnung der dynamischen Stückkosten (nach der Annuitäten- und Kapitalwertmethode) entwickelt.

Auszugsweise wird die Annuitätenmethode dargestellt (sowohl die Berechnung nach der Kapitalwertmethode als auch der Annuitätenmethode findet sich auf der beiliegenden CD-ROM):

Dynamische Stückkostenkalkulation - Annuitätenmethode

RAHMENBEDINGUNGEN:	€	AbF	Barwert			
Leistungsbezogene / Stückbezogene Auszlg.:				Basisjahr:	2003	
Auszahlungen pro Periode:	7.500.000			Kalkulationszinssatz (i) :	8,00	%
Abbruchkkosten/Rekultivierung (Ab/Re) o.ä.:		0,583490	0	Nutzungsdauer :	7	Jahre
Veräußerungserlös (R) am Ende der ND:		0,583490	0	$KWF = \frac{i(1+i)^n}{(1+i)^n - 1} =$	0,192072	

ZAHLUNGSSTRÖME / BERECHNUNGSTABLEAU: (Annuitätenmethode)

Periode	Jahr 20..	Anzahlungen und AK 1.800.000	Auf / AbF 8,00 Prozent	Spalte 1 auf-/abgezinst 2.200.779	Leistungsmenge (LM) x 2.100	Faktoren 8,00 Prozent	LM auf-/abgezinst	lfd. Auszlg. a 52.500.000	Faktoren 8,00 Prozent	lfd.Auszlg. auf-/abgezinst 39.047.775	jährliche Ø Auszlg. nominal -ges.	jährl. Ø Auszlg. (auf-) abgezinst gesamt
		1	2	3	4	5	6 = 4 * 5	7	8	9 = 7 * 8	10 = 1 + 7	11 = 3 + 9
-6												
-5	1998	300.000	1,469328	440.798							300.000	440.798
-4	1999	300.000	1,360489	408.147							300.000	408.147
-3	2000	300.000	1,259712	377.914							300.000	377.914
-2	2001	300.000	1,166400	349.920							300.000	349.920
-1	2002	300.000	1,080000	324.000							300.000	324.000
0	**2003**	300.000	1,000000	300.000							300.000	300.000
1	2004				300	0,925926	278	7.500.000	0,925926	6.944.444	7.500.000	6.944.444
2	2005				300	0,857339	257	7.500.000	0,857339	6.430.041	7.500.000	6.430.041
3	2006				300	0,793832	238	7.500.000	0,793832	5.953.742	7.500.000	5.953.742
4	2007				300	0,735030	221	7.500.000	0,735030	5.512.724	7.500.000	5.512.724
5	2008				300	0,680583	204	7.500.000	0,680583	5.104.374	7.500.000	5.104.374
6	2009				300	0,630170	189	7.500.000	0,630170	4.726.272	7.500.000	4.726.272
7	2010				300	0,583490	175	7.500.000	0,583490	4.376.178	7.500.000	4.376.178
8												
9												
10												

ZIELGRÖSSEN	RECHENGANG	ERGEBNISSE			ERGEBNISSE
I) Ø jährl. Auszahlungen	KD + lfd.Ausgaben	7.922.709	IV) Barwertige Leistungsmenge (x) p.a.	Sp 6 Σ	1.562
II) Jährlicher Kapitaldienst (KD)	A * KWF	422.709	V) Durchschnittliche Menge p.a.	IV * KWF	300
III) Ø jährliche lfd. Auszahlungen	Spalte 9 summieren * KWF	7.500.000	**VI) Dynamische Stückkosten**	**(II + III) / V**	**26.409,03**

Hinweis: "Ab/Re" und "R" sind am Ende der Nutzungsdauer in der Spalte 1 entsprechend einzutragen.
Die grau hinterlegten Felder sind Spaltensummen.

Dynamische Stückkostenkalkulation - Kapitalwertmethode

RAHMENBEDINGUNGEN:	€	AbF	Barwert
Leistungsbezogene / Stückbezogene Auszlg.:			
Auszahlungen pro Periode:	7.500.000		
Abbruchkkosten/Rekultivierung (Ab/Re) o.ä.:		0,583490	0
Veräußerungserlös (R) am Ende der ND:		0,583490	0

Basisjahr:	2003
Kalkulationszinssatz (i) :	8,00 %
Nutzungsdauer :	7 Jahre
$KWF = \frac{i(1+i)^n}{(1+i)^n - 1}$ =	0,192072

ZAHLUNGSSTRÖME / BERECHNUNGSTABLEAU: (Kapitalwertmethode)

Periode	Jahr 20..	Anzahlungen und AK	Auf / AbF 8,00 Prozent	Spalte 1 auf-/abgezinst	Leistungsmenge (LM) x	Faktoren 8,00 Prozent	LM auf-/abgezinst	lfd. Auszlg. a	Faktoren 8,00 Prozent	lfd.Auszlg. auf-/abgezinst	jährliche ∅ Auszlg. nominal -ges.	jährl. ∅ Auszlg. (auf-) abgezinst gesamt
		1.800.000		2.200.779	2.100			52.500.000		39.047.775		
		1	2	3	4	5	6 = 4 * 5	7	8	9 = 7 * 8	10 = 1 + 7	11 = 3 + 9
-6												
-5	1998	300.000	1,469328	440.798							300.000	440.798
-4	1999	300.000	1,360489	408.147							300.000	408.147
-3	2000	300.000	1,259712	377.914							300.000	377.914
-2	2001	300.000	1,166400	349.920							300.000	349.920
-1	2002	300.000	1,080000	324.000							300.000	324.000
0	**2003**	300.000	1,000000	300.000							300.000	300.000
1	2004				300	0,925926	278	7.500.000	0,925926	6.944.444	7.500.000	6.944.444
2	2005				300	0,857339	257	7.500.000	0,857339	6.430.041	7.500.000	6.430.041
3	2006				300	0,793832	238	7.500.000	0,793832	5.953.742	7.500.000	5.953.742
4	2007				300	0,735030	221	7.500.000	0,735030	5.512.724	7.500.000	5.512.724
5	2008				300	0,680583	204	7.500.000	0,680583	5.104.374	7.500.000	5.104.374
6	2009				300	0,630170	189	7.500.000	0,630170	4.726.272	7.500.000	4.726.272
7	2010				300	0,583490	175	7.500.000	0,583490	4.376.178	7.500.000	4.376.178
8												
9												
10												

ZIELGRÖSSEN	RECHENGANG	ERGEBNISSE			ERGEBNISSE
I) ∅ jährl. Auszahlungen	KD + lfd.Ausgaben	7.922.709	V) Barwertige Leistungsmenge (x) p.a.	Sp 6 Σ	1.562
II) Jährlicher Kapitaldienst (KD)	A * KWF	422.709	VI) Durschnittliche Menge p.a.	V * KWF	300
III) ∅ jährliche lfd. Auszahlungen	Spalte 9 summieren * KWF	7.500.000	VII) Summe der Barwerte der lfd.Auszlg.	Sp 9 Σ	39.047.775
IV) Auf-/Abgezinste Anschaffungskosten	A_0	2.200.779	**VIII) Dynamische Stückkosten**	**(IV + VII) / V**	**26.409,03**

Hinweis: "Ab/Re" und "R" sind am Ende der Nutzungsdauer in der Spalte 1 entsprechend einzutragen. Die grau hinterlegten Felder sind Spaltensummen.

F Tipps für Ihre Finanzierungsgespräche

Auf einen Blick:

⇒ Vorbereitung der Finanzierungsgespräche.

⇒ Regeln für erfolgreiches Verhandeln.

⇒ Checklisten zur Beschreibung des Investitionsvorhabens sowie der strategischen Bedeutung des Projektes.

⇒ Fact-Box mit ergänzenden Informationen für den Finanzierungspartner.

Finanzierungsgespräche vorbereiten

Wichtig sind die getreue Darstellung des Investitionsprojektes sowie umfassende Information und klare Kommunikation.

- Der Finanzierungspartner braucht von Ihnen eine kurze Übersicht über die strategische Bedeutung des Projektes, um eine eigene Einschätzung treffen zu können.
- Eine hinreichende technische und wirtschaftliche Beschreibung der Investition wird als selbstverständlich vorausgesetzt. Der Finanzpartner kennt in der Regel die Details des Vorhabens nicht, sollte jedoch mit den wichtigsten Details des Investitionsvorhabens vertraut gemacht werden, um so die Vertrauensgrundlage zu erhöhen und eine höhere Akzeptanz zu erreichen.
- Eine exakte Darlegung der Investitionsrechnung sowie der unterstellten Prämissen ist unerlässlich. Die Prämissen haben Einfluss darauf, ob ein Investitionsobjekt als günstig oder ungünstig eingestuft werden kann.

- Eine frühzeitige Vorbereitung Ihrer Präsentationsunterlagen hinsichtlich der Ergebnisse der Investitionsanalyse ist günstig. Eine gute Vorbereitung ist der halbe Erfolg.
- Eine zeitige Information über mögliche Finanzierungsvarianten erleichtert die Konkretisierung des Gespräches.
- Die Illustration der Art des Investitionsvorhabens kann das Finanzierungsgespräch positiv beeinflussen. Möglich ist z. B. folgende Struktur:
- Pilotprojekte: Zur Erprobung neuer Vorhaben.
- Innovative Projekte: Neuartigkeit über den gegenwärtigen Stand des Wissens, der Technik und/oder der Methode.
- Synergieeffekt: Gegenseitige Ergänzung mehrerer Techniken, Instrumente etc. zur Verstärkung ihrer Wirkung.
- Transnationale Projekte: Grenzüberschreitende bzw. internationale wirtschaftliche Effekte.
- Eine baldige Prüfung eventueller Investitionsförderungen bzw. -zuschüsse kann das Finanzierungsgespräch positiv beeinflussen.

Kommunikative Aspekte

Das Missverständnis ist die häufigste Form
menschlicher Kommunikation.
(Peter Benary)

- Seien Sie offen und handeln Sie gegenüber Ihren Gesprächspartnern nach dem Prinzip der Wertschätzung.
- Versetzen Sie sich zuweilen in die Lage Ihrer Gesprächspartner.
- Pflegen Sie die Geschäftsbeziehungen zu Ihren Finanzpartnern nicht nur dann, wenn es notwendig ist. Pflegen Sie den Kontakt ständig.
- Vermeiden Sie Zeitdruck.
- Bleiben Sie sachlich.
- Lassen Sie Ihre Gesprächspartner ausreden (aktiv zuhören).
- Begründen Sie Ihre Aussagen.
- Reden Sie nicht – negativ – über andere.

- Vermeiden Sie Wiederholungen.
- Vermeiden Sie Killerphrasen oder Suggestivfragen.
- Achten Sie beim Informationsaustausch darauf, dass die Information für den Empfänger „aktuell“, „neu“, „vollständig“ und „relevant“ ist.
- Halten Sie Vereinbarungen ein.

Checklisten für die Vorbereitung

Zur strategischen Bedeutung und für die umfassende Beschreibung des Investitionsvorhabens stehen zwei Checklisten zur Verfügung:

- Die strategische Checkliste kann bei Zutreffen der Voraussetzung durch ein Häkchen in der Ordinalskalierung bearbeitet werden.
- Für die umfassende Beschreibung des Investitionsprojektes werden ergänzende Seiten erforderlich sein, die jederzeit eingefügt werden können.

Die Checkliste zur strategischen Einschätzung des Investitionsvorhabens sowie die Checkliste zur ausführlichen technischen und wirtschaftlichen Beschreibung des Projektes finden sich auf der beiliegenden Excel-Datei zur Investitionsrechnung.

Investitions-Projektbeschreibung (Strategische Checkliste)

Fragestellungen zur strategischen Bedeutung der Investition: ggf. gesonderte Blätter verwenden!

	trifft zu		✓		trifft nicht zu	nicht relevant	Bemerkungen
	++	+	0	-	--		
1) Ist die strategische Zielsetzung des Investitionsvorhabens bekannt ?	✓						
2) Sind die Prämissen der Investition realistisch und überprüfbar ?		✓					
3) Spiegeln sich Marktfragen des Unternehmens in der Investition ?		✓					
4) Stehen für die Umsetzung des Investitionsprojektes ausreichend Ressourcen zur Verfügung (Personal, Produktionskapazität etc.) ?	✓						
5) Beeinflusst das Investitionsvorhaben die Weiterentwicklung des Unternehmens positiv bzw. schafft es neue Zukunftspotenziale ?	✓						
6) Werden auch andere Unternehmensstrategien durch dieses Vorhaben günstig tangiert ?		✓					
7) Wurden ähnliche Projekte im Unternehmen bereits durchgeführt ? bzw. gibt es bereits einschlägige Erfahrungen ?		✓					
8) Sind die relevanten Umweltpartner bekannt ?			✓				
9) Ist die Bedeutung der Investition für das Unternehmen hoch ?	✓						
10) Sind an dem Vorhaben alle Betroffenen bzw. Schlüsselpersonen beteiligt ?		✓					
11) Gibt es eine Art "Notfallplan" , falls sich Bedingungen ändern ?					✓		
12) Sind die Risken im Hinblick auf die Zielerreichung von untergeordneter Bedeutung ?		✓					
13) Ist in nächster Zeit mit keinen gravierenden Änderungen zu rechnen, die Einfluss auf das Investitionsprojekt haben könnten ?		✓					
14) Ist die Finanzierung sichergestellt und entspricht diese den strategischen Erwartungen ?			✓				

Investitions-Projektbeschreibung (Operative Checkliste)

Ausführliche Begründung und Beschreibung des Projektes (technische, wirtschaftliche und sonstige Wirkungen) ggf. gesonderte Blätter verwenden!

Checklist zu den Inv.-Erläuterungen:

1 - Wirtschaftliche Kriterien:

1.1 - Marktbezogene Kriterien:

1 – Absatzplan
2 – Marktentwicklung und –position
3 – Preisentwicklung
4 – Produkterweiterung
5 – Wachstumsrate

1.2 - Beschaffungs- und Investitionsbezogene Kriterien:

1 – Alternative Investitionsvorhaben
2 – Angebotseinholung
3 – Ausscheidender Gegenstand
4 – Chancen, Risken, Sicherheit
5 – Eigenleistung
6 – Ersatz
7 – Kostenvoranschläge
8 – Nutzungsdauer
9 – Nutzwertanalyse
10 – Restwert
11 – Sensitivitätsanalyse
12 – Wirtschaftlichkeitsrechnung

1.3 - Finanzbezogene Kriterien:

1 – Abstimmung mit Budget
2 – Bilanzziele
3 – Finanzierung
4 – Folgeinvestitionen
5 – Gewinn- und Rentabilitätsstreben
6 – Kalkulationszinssatz
7 – Kostenersparnis
8 – Leasing / Miete
9 – Liquidität und –ziele
10 – Lohnsätze
11 – Zinsrisiko
12 – Zuschüsse von Dritten

Erläuterungen zu Punkt:

Wirtschaftliche Kriterien:

1.4 - Organisationale Kriterien:

1 – Ablauforganisation, Ablauf
2 – Auslastg/Kapazitätseffekt -grenze
3 – Auswirkg.der Inv.auf and.Bereiche
4 – Flexibilität
5 – Grundsätze u.Ziele der Investition
6 – Investitionskontrolle
7 – Terminplan –überwachung

1.5 - Personalbezogenen Kriterien:

1 – Betriebsklima
2 – Personelle Auswirk. und Verändg.

2 - Technische Kriterien:

1 – Flexibilität
2 – Forschung/Entwicklung/Innovation
3 – Produktionsverfahren
4 – Qualität der Erzeugnisse
5 – Rationalisierungseffekt
6 – Technischer Fortschritt

3 - Rechtliche Kriterien:

1 – Rechtliche Auswirkungen
2 – Steuerliche Vorteile
3 – Steuersätze
4 – Patente / Lizenzen

4 - Soziale Kriterien:

1 – Auswirkung auf die Gesellschaft
2 – Umwelt

5 - Sonstige Kriterien:

1 – Prestige / Image
2 – Spekulation
3 - Unabhängigkeit

Erläuterungen zu Punkt:

Fact-Box

Firmenwortlaut:								
Rechtsform:								
Firmenbuch:								
Sitz und Geschäftsanschrift:			UID-Nr.:			DVR-Nr.:		
Finanzamt-Steuernummer:								
Gegenstand des Unternehmens:								
Stammkapital:								
Geschäftsjahr:	Kalenderjahr							
Gesellschafter:								
Aufsichtsratsmitglieder:								
Geschäftsleitung/Vorstand:								
Betriebsstätten:								
Planzahlen Gesamtunternehmen:	Derzeit:	Basisjahr: 2003	1.Folgej.	2. Folgej.	3. Folgej.	4. Folgej.	5. Folgej.	6. Folgej.
Netto-Umsatz								
Betriebsergebnis								
EGT								
Jahresüberschuss								
Brutto-Cash-Flow								
Jährl. Fremdkapitaltilgung								
Bilanzsumme								
Mitarbeiter								
Ansprechpartner:								
Analyse erstellt von:								

Hinweise zur Abwicklung der Finanzierung und der „Fact-Box“

- Holen Sie mehrere Angebote ein.
- Achten Sie auf bestimmte Fristen und Formalien.
- Überlegen und berechnen Sie, welche Rückzahlungshöhe von Ihnen eingegangen werden kann bzw. prüfen Sie Ihre Bonität.
- Vergleichen Sie Ihre Rating-Einstufung der Finanzinstitute.
- Beachten Sie die Anforderungen hinsichtlich der verlangten Sicherheiten.
- Übermitteln Sie Ihrem Finanzierungspartner eine „Fact-Box“, ein Formblatt auf dem wichtige zusammenfassende Informationen über das Unternehmen enthalten sind (siehe Beispiel).

G FAZIT

Durch dieses Buch haben Sie einen detaillierten und konkreten Einblick in den Themenbereich der angewandten Investitions- und Wirtschaftlichkeitsrechnung erhalten. Für einen Betroffenen, der Investitionsrechnungen durchzuführen bzw. Entscheidungen zu treffen hat, bleibt nur die eine Devise: Nutzen Sie die Möglichkeiten der Investitionsanalyse und schaffen Sie neue strategische Zukunftspotenziale, damit auch in der Zukunft etwas geerntet werden kann. Vergessen Sie trotz all der möglichen und unverzichtbaren rationalen Investitionsrechnungsverfahren nicht das bewährte Fingerspitzengefühl.

Beachten Sie folgende Leitsätze:

- Investieren Sie nur, wenn die Investition mehr bringt, als sie kostet.
- Treffen Sie keine wichtige Investitionsentscheidung, ohne deren Auswirkungen auf die Finanz- und Ertragslage sowie Risiken zu kennen.
- Sorgen Sie für Transparenz des Zahlenmaterials.
- Investitionsplanung und Entscheidung ist vor allem eine strategische Aufgabe der Unternehmensführung. Wenn die Führung nicht plant, ist die Planung führerlos, oder die Führung planlos.

Möge folgende orientalische Geschichte eine Initialzündung für Ihr Handeln sein:

Vom Mut eine Probe zu wagen.

Ein König stellte für einen wichtigen Posten den Hofstaat auf die Probe. Kräftige und weise Männer umstanden ihn in großer Menge. „Ihr weisen Männer", sprach der König, „ich habe ein Problem, und ich möchte sehen, wer von euch in der Lage ist, dieses Problem zu lösen." Er führte die Anwesenden zu einem riesengroßen Türschloss, so groß, wie es keiner je gesehen hatte. Der König erklärte: „Hier seht ihr das größte und schwerste Schloss, das es in meinem Reich je gab. Wer von euch ist in der Lage, das Schloss zu öffnen?" Ein Teil der Höflinge schüttelte nur verneinend den Kopf. Einige, die zu den Weisen zählten, schauten sich das Schloss näher an, gaben aber zu, sie könnten es nicht schaffen.

Als die Weisen dies gesagt hatten, war sich auch der Rest des Hofstaates einig, dieses Problem sei zu schwer, als dass sie es lösen könnten.

Nur ein Wesir ging an das Schloss heran. Er untersuchte es mit Blicken und Fingern, versuchte, es auf die verschiedensten Weisen zu bewegen und zog schließlich mit einem Ruck daran. Und siehe, das Schloss öffnete sich.

Das Schloss war nur angelehnt gewesen, nicht ganz zugeschnappt, und es bedurfte nichts weiter als des Mutes und der Bereitschaft, dies zu begreifen und beherzt zu handeln.

Der König sprach: „Du wirst die Stelle am Hof erhalten, denn du verlässt dich nicht nur auf das, was du siehst oder was du hörst, sondern setzt selber deine eigenen Kräfte ein und wagst eine Probe."

In diesem Sinne, wünscht der Autor allen den Mut, eine Probe zu wagen.

Literaturverzeichnis

Verwendete Literatur

Albach, H.: Über ein praktisches Verfahren der Investitionsrechnung bei Unsicherheit; Vortrag gehalten in Basel am 29.6.1963; zitiert aus: Biergans, E.: Investitionsrechnung – Verfahren der Investitionsrechnung und ihre Anwendung in der Praxis; Nürnberg 1973

Adelberger, O.L., Günther H.H.: Fall- und Projektstudien zur Investitionsrechnung; München 1982

Anderson, J.R.: The architecture of cognition; Cambridge MA 1983

Asanger, R./Wenninger, G. (Hrsg.): Handwörterbuch Psychologie; 4. Aufl.; 1988

Baumgartner, I./Häfele, W./Schwarz, M./Sohm, K.: Management Center Vorarlberg: OE-Prozesse systemisch initiieren und gestalten; 2. Aufl.; Dornbirn 1992

Berekhofen, L./Eckert, W./Ellenrieder, P.: Marktforschung: Methodische Grundlagen und praktische Anwendung; 4.Aufl.; Wiesbaden 1989

Betriebswirtschaftlicher Ausschuss des Verbandes der Chemischen Industrie i.V. (Hrsg.): Unternehmerische Investitionskontrolle; Herne/Berlin 1974

Biehler, R.: Methoden der Investitionsrechnung; Stuttgart 1976

Blazek, A.: Projekt-Controlling; München 1988

Bleymüller, J./Gehler, G./Gülicher, H.: Statistik für Wirtschaftswissenschaftler; 10.Aufl.; München 1996

Blohm, H., Lüder K.: Investition; 5. Aufl.; München 1983

Böhler, H.: Marktforschung; Stuttgart u. a. 1985

Bortz, J.: Statistik für Sozialwissenschaftler; 4.Aufl.; Berlin u. a. 1993

Bröer, N.: Investitionsrechnungsmethoden in der Praxis – Eine Umfrage; Diplomarbeit an der Fachhochschule Kiel; Juli 1985

Copeland, Th./Koller, T./Murrin, J. (McKinsey & Company): Unternehmenswert, Methoden und Strategien für eine wertorientierte Unternehmensführung; 3. Aufl.; Frankfurt/New York 2002

Däumler, K.D.: Finanzmathematisches Tabellenwerk; 2. Aufl.; Herne/Berlin 1983

Däumler, K.D.: Grundlagen der Investitions- und Wirtschaftlichkeitsrechnung; 7.Aufl.; Herne/Berlin 1992

Däumler, K.D.: Praxis der Investitions- und Wirtschaftlichkeitsrechnung; 2. Aufl.; Herne/Berlin 1988

Däumler, K.D.: Unterjährige Zinsperiode – Finanzmathematisches Tabellenwerk; Herne/Berlin 1984

Dörner, D.: Die Logik des Misslingens; Reinbek 1989

Dörner, D.: On the difficulties people have in dealing with complexity; in: Simulation & Games; 1980

Drukarczyk, J.: Unternehmensbewertung; 3. Aufl.; München 2001

Eckey, H.F./Kosfeld, R./Dreger, Chr.: Statistik; Wiesbaden 1992

Franceschini, M./Zischg, K.: Konzept eines multiplen IT-Risikomanagements, in ControllerNews 6/2003; S. 185-189; Wien

Friedag, H./Schmidt, W.: Balanced Scorecard. Taschenguide; 2. Aufl.; Freiburg im Breisgau 2004

Friedag, H./Schmidt, W.: My Balanced Scorecard; 2. Aufl.; Freiburg im Breisgau 2001

Friedag, H./Schmidt, W.: Seminarunterlagen, ausgegeben während eines Seminars im Rahmen des „Vorarlberger Controlling Forum“ am 3./4. Feber 2004; Dornbirn

Frischmuth, G.: Daten als Grundlage für Investitionsentscheidungen; Berlin 1969

Gälweiler, A.: Strategische Unternehmensführung; Frankfurt/New York 1987

Grabbe, H.-W.: Investitionsrechnung in der Praxis – Ergebnisse einer Unternehmensbefragung; Beiträge zur Wirtschafts- und Sozialpolitik; Köln 1976

Grochla, E./Wittman, W. (Hrsg.): Handwörterbuch der Betriebswirtschaft; Band I; Stuttgart 1974

Gutenberg, E.: Grundlagen der Betriebswirtschaftslehre; Bd.1: Die Produktion; Berlin u. a. 1983

Hacker, W.: Arbeitspsychologie, Psychische Regulation von Arbeitstätigkeiten; Berlin/Stuttgart/Toronto 1986

Hoffmann, S.: Mathematische Grundlagen für Betriebswirte; 4. Aufl.; Herne/Berlin 1995

Hopfenbeck, W.: Allgemeine Betriebswirtschafts- und Managementlehre; 6. Aufl.; Landsberg am Lech 1992

Jaensch, G.: Betriebswirtschaftliche Investitionsmodelle und praktische Investitionsrechnung; in: Zeitschrift für betriebswirtschaftliche Forschung; 19.Jg. (1967) S.57

Kambartel, F./Mittelstrass, J. (Hrsg.): Zum normativen Fundament der Wissenschaft; Frankfurt 1973

Kern, W.: Investitionsrechnung; Stuttgart 1974

Kieser, A./Kubicek H.: Organisation; Berlin/New York 1983

Kleinbeck, K.: Die Wirkung von Zielsetzungen auf die Leistung; in: Schuler H. (Hrsg.): Beurteilung und Förderung beruflicher Leistung; Stuttgart 1991

Kobelt, H., Schulte P.: Finanzmathematik; 3. Aufl.; Herne/Berlin 1985

Köhler, H.: Finanzmathematik; 2. Aufl.; München 1987

Koreimann, D.S.: Methoden der Informationsbedarfsanalyse; Berlin/New York 1976

Madauss, B.J.: Handbuch Projekt-Management; 3. Aufl.; Stuttgart 1990

Mandl, G./Rabel, K.: Unternehmensbewertung, Eine praxisorientierte Einführung; Wien 1997

Meffert, H.: Marketing; 7. Aufl.; Wiesbaden 1986

Mento, A.J./Steel, R.P./Karren, R.J.: A meta-analytic study of the effects of goal setting on task performance; 1966-1984; in: Organizational behavior and human decision processes; 1987

Müller-Hedrich B. W.: Betriebliche Investitionswirtschaft; Band 15; 2. Aufl.; Stuttgart 1981

Müller-Merbach, H.: Operations Research; Berlin-Frankfurt 1969

Niedermayr, R.: Entwicklungsstand des Controlling; Wiesbaden 1994

Olfert, K.: Investition; 4. Aufl.; Ludwigshafen (Rhein) 1988

Peemoller, V.H.: Praxishandbuch der Unternehmensbewertung; 2. Aufl.; Berlin 2002

Pieper, R.: Diskursive Organisationsentwicklung; Berlin/New York 1988

von Pupka, H.: Investition und Finanzierung; 6. Aufl.; Wien 1990

Riedel, G.: Betriebsstatistik; 6.Aufl.; Stuttgart 1980

Röhrenbacher, H/Gelbmann, R.: Excel für Rechnungswesen und Controlling; 3.Aufl.; Wien/Frankfurt 2001

Schmidt, A.: Das Controlling als Instrument zur Koordination der Unternehmensführung; Frankfurt u. a. 1986

Schulze, P.M.: Beschreibende Statistik; München u. a. 1990

Schulte, K.W.: Wirtschaftlichkeitsrechnung; Würzburg 1978

Schwarzer, R.: Stress, Angst und Handlungsregulation; 3. Aufl.; Stuttgart/ Berlin 1993

Seicht, G.: Investition und Finanzierung; 6.Aufl.; Wien 1990

Tubbs, M.E.: Goal setting: A meta-analytic examination of the empirical evidence; in: Journal of applied psychology; 1986

Übele, H.: Verbreitungsgrad und Entwicklungsstand des Controlling in der deutschen Industrie; Köln 1981

Unger, F.: Marktforschung; 1.Aufl.; Heidelberg 1989

Witte, E.: Methodik der empirischen Organisationsforschung; in: Grochla/ Wittmann (Hrsg.): HWO; 2. Aufl.; Stuttgart 1980

Wood, R.E./Mento, A.J./Locke, E.A.: Task complexity as a moderator of goal effects: A meta-analysis; in: Journal of applied psychology; 1987

Zischg, K.: Systementwurf einer Management-Erfolgsrechnung als Instrument des Controlling; Frankfurt a.M./Berlin/Bern/New York/Paris/Wien 1996

Zischg, K.: Controlling in Non-Profit-Organisationen – eine empirisch explorative Studie; Frankfurt a.M./Berlin/Bern/New York/Paris/Wien 1998

Zischg, K./Franceschini, M: Konzept eines multiplen IT-Risikomanagements, in ControllerNews 6/2003; S. 185-189; Wien

Zischg, K.: Die Praxis des Investitionsmanagements, in: Rechnungswesen aktuell: Österreichische Zeitschrift für Recht und Rechnungswesen; Ausgabe 7/2003; S. 193-224; Wien

Zischg, K.: Investitionsrechnungsverfahren in der Praxis; Wien 2002

Zischg, K.: Investitionsrechnung in der betrieblichen Praxis, in: Seicht, G. (Hrsg.): Jahrbuch für Controlling und Rechnungswesen 2003; S. 125-148; Wien

Zischg, K.: Die Baldwin-Methode; in: Controller-News; Die Zeitschrift für Controlling und Unternehmensführung; Ausgabe 3/04; S. 89-91; Wien

Weiterführende Literatur

Adlberger, O.L./Günter, H.: Fall- und Projektstudien zur Investitionsrechnung; München 1982

Albach, H.: Investition und Liquidität. Die Planung des optimalen Investitionsbudgets; Wiesbaden 1962

Albach, H.: Investitionspolitik erfolgreicher Unternehmen, in: ZfB 7/1987, S. 636-661

Albach, H.: Investitionstheorie; Köln 1975

Albach, H.: Wirtschaftlichkeitsrechnung bei unsicheren Erwartungen; Köln/Opladen 1959

Altrogge, G.: Investition; 3. Aufl.; München 1996

Baldwin, R.H.: How to Assess Investment Proposals, HBR, 3/1959, S. 98 ff.

Bähren, H.-D.: Dynamische Investitionsrechnung – Die Rentabilität eines Projektes, in: ZfB 1981, S. 402 ff.

Beer, St.: Kybernetik und Management; 3. Aufl.; Frankfurt/M. 1967

Betge, P.: Investitionsplanung; Wiesbaden 1995

Biergans, E.: Investitionsrechnung. Verfahren der Investitionsrechnung und ihre Anwendung in der Praxis; Nürnberg 1973

Bischoff, S.: Investitionsmanagement; München 1996

Bitz, M.: Investitionsentscheidungen bei alternativen Kapitalkostenverläufen; in: ZfB 1979; S. 965 ff.

Blohm, H./Lüder, K.: Investition; 8. Aufl.; München 1995

Böhmer, G.A./Hengst, F.J./Hofmann, R./Müller, O./Puchta, R.: Interne Revision; Berlin 1981

Buchner, R.: Grundzüge der Finanzanalyse; München 1995

Büschgen, H.E.: Grundlagen betrieblicher Finanzwirtschaft; 3. Aufl.; Frankfurt/Main 1991

Caprano, E./Gierl, A.: Finanzmathematik; 6. Aufl.; München 1999

Chmielewicz, K.-D.: Grundlagen der Investitions- und Wirtschaftlichkeitsrechnung; 9. Aufl.; Herne/Berlin 1998

Copeland, Th./Weston, F.: Financial Theory and Corporate Policy; Menlo Park, Cal./London/Amsterdam/Don Mills, Ontario/Sydney 1979

Davenport, H.J.: The Economics of Enterprise; New York 1906

Deutsches Institut für Interne Revision e.V. (Hrsg.): Die Interne Revision in der Bundesrepublik Deutschland; Berlin 1974

Ehrmann, H.: Kompakt-Training Balanced Scorecard; Ludwigshafen (Rhein) 2000

Eilenberger, G.: Betriebliche Finanzwirtschaft; 6. Aufl.; München/Wien 1997

Fischer, J.: Heuristische Investitionsplanung; Berlin 1981

Fisher, I.: The Nature of Capital and Income; New York 1906

Gerbel, B.M.: Rentabilität, Fehlinvestition, ihre Ursache und ihre Verhütung; 2. Aufl.; Wien 1955

Gutenberg, E.: Untersuchungen über die Investitionsentscheidungen industrieller Unternehmen, Köln/Opladen 1959

Guth, W.: Chancen und Risiken von Auslandsinvestitionen; in: ZfB 3/1986; S. 183-194

Haegert, L./Wittmann, F.: Zur Eignung der Amortisationsdauer als Kriterium für Investitionsentscheidungen bei unsicheren Erwartungen; in: ZfbF; Heft 8; 1977; S. 475-489

Hax, H.: Investitionstheorie; 5. Aufl.; Würzburg/Wien 1985

Hax, H.: Investitions- und Finanzplanung mit Hilfe der linearen Programmierung; in: ZfB 1964; S. 430 ff.

Hax, H.: Rentabilitätsmaximierung als unternehmerische Zielsetzung; in: ZfbF 1963; S. 337 ff.

Heinold, M.: Arbeitsbuch zur Investitionsrechnung; München 1980

Heinold, M.: Investitionsrechnung; 7. Aufl.; München/Wien 1996

Hoffmann, S.: Mathematische Grundlagen für Betriebswirte; 5. Aufl.; Herne/Berlin 1999

Jacob, H.: Kurzlehrbuch Investitionsrechnung. Mit Aufgaben und Lösungen; 2. Aufl.; Wiesbaden 1979

Jacob, H.: Neuere Entwicklungen in der Investitionsrechnung (Sonderdruck der Zeitschrift für Betriebswirtschaft); Wiesbaden 1964

Jaspersen, T.: Investition; München/Wien 1997

Jehle, K./Blazek, A./Deyhle, A.: Finanzcontrolling; 6. Aufl.; Gauting/München 1997

Kaplan, R. S./Norton, D.: Balanced Scorecard. Strategien erfolgreich umsetzen; Stuttgart 1997

Kilger, W.: Kritische Werte in der Investitions- und Wirtschaftlichkeitsrechnung, in: ZfB 1965, S. 338 ff.

Kilger, W.: Zur Kritik am internen Zinsfuß, in: ZfB 1965, S. 765.

Kobelt, H./Schulte P.: Finanzmathematik; 6. Aufl.; Herne/Berlin 1995

Köhler, H.: Finanzmathematik; 4. Aufl.; München/Wien 1997

Krause, W.: Investitionsrechungen und unternehmerische Entscheidungen: Kritische Untersuchung der Möglichkeiten und Grenzen traditioneller und moderner Investitionsrechnungsverfahren; Berlin 1973

Kruschwitz, L.: Finanzierung und Investition; 2. Aufl.; Berlin/New York 1999

Kruschwitz, L.: Investitionsrechnung; 8. Aufl.; Berlin/New York 2000

Leffson, U.: Programmiertes Lehrbuch der Investitionsrechnung; Wiesbaden 1973

Lücke, W.: Investitionslexikon; 2. Aufl.; München 1991

Lüder, K.: Investitionskontrolle; Wiesbaden 1969

Melzer, F.: Investitionsrechnung in deutschen Industriebetrieben, Arbeitsbericht Nr. 12 des Instituts für Unternehmensführung und Unternehmensforschung der Ruhr-Universität Bochum 1977

Meyer, J.R./Glauber, R.R.: Investment Decisions; Economic Forecasting and Public Policy; Boston 1964

Meyer, J.R./Kuh, E.: The Investment Decision; Cambridge (Mass.) 1957

Möser, H.D.: Finanz- und Investitionswirtschaft im Unternehmen; 2. Aufl.; Landsberg/Lech 1993

Müller-Hedrich, B.: Maschinenbau GmbH, Nürnberg; Investitionsplanung für eine Maschinen- und Zahnradfabrik; in: Der graduierte Betriebswirt, Nr. 3/1978, S. 149-160.

Olfert, K.: Finanzierung; 10. Aufl.; Ludwigshafen (Rhein) 1999

Olfert/Reichel: Kompakt-Training Investition; Ludwigshafen (Rhein) 1999

Olfert/Reichel: Kompakt-Training Finanzierung; Ludwigshafen (Rhein) 1999

Perridon, L./Steiner, M..: Finanzwirtschaft der Unternehmen; 9. Aufl.; München 1997

Pflaumer, P.: Investitionsrechnung; 3. Aufl.; München 1998

Rappaport, A.: Shareholder Value, Wertsteigerung als Maßstab für die Unternehmensführung; Stuttgart

Rinza, P./Schmitz, H.: Nutzwert-Kosten-Analyse, Eine Entscheidungshilfe zur Auswahl von Alternativen unter besonderer Berücksichtigung nicht monetärer Bewertungskriterien; Düsseldorf 1977

Rückle, D.: Investitionskalküle für Umweltinvestitionen, in: BFuP 1/1989, S. 51-65

Scheffler, H.E.: Prüfung von Investitionen. Wegweiser für Prüfungen im Betrieb; 2. Aufl.; Herne-Berlin 1977

Schindel, V.: Risikoanalyse. Darstellung und Bewertung von Risikorechnungen am Beispiel von Invstitionsentscheidungen; München 1977

Schindler, H.: Investitionsrechnungen in Theorie und Praxis; 3. Aufl.; Meisenheim/Glan 1966

Schindler, H.: Investitionsrechnung in Theorie und Praxis; Meisenheim/Glan 1996

Schneider, D: Investition, Finanzierung und Besteuerung; 7. Aufl.; Wiesbaden 1992

Schneider, E.: Wirtschaftlichkeitsrechnung. Theorie der Investition; 8. Aufl.; Tübingen 1973

Schwarz, H.: Optimale Investitionsentscheidungen; München 1967

Spremann, K.: Wirtschaft, Investition und Finanzierung; 5. Aufl.; München 1996

Swoboda, P.: Investition und Finanzierung; 5. Aufl.; Göttingen 1996

Terborgh, G.: Leitfaden der betrieblichen Investitionspolitik; Wiesbaden 1962

Trechsel, F.: Investitionsplanung und Investitionsrechnung; Bern 1973;

Walther, A.: Investitionsrechnung; Köln 1996

Wentz, R.-C.: Steuerorientierte Investitionsplanung und Inflation; Zum Einfluß von Geldentwertung und Besteuerung auf die Vorteilhaftigkeit von Investitionen und deren Finanzierung; Berlin 1977

Witte, E./Thimm, A.L.: Entscheidungstheorie, Texte und Analysen; Wiesbaden 1977

Wöhe, G./Bilstein, J.: Grundzüge der Unternehmensfinanzierung; 8. Aufl.; München 1998

Zangenmeister, Ch.: Nutzwertanalyse in der Systemtechnik; Eine Methodik zur multidimensionalen Bewertung und Auswahl von Projektalternativen; 4. Aufl.; München 1976

ZVEI: Beurteilung von Investitionen; ZVEI-Schriftenreihe 5; Frankfurt a. M. 1971

Stichwortverzeichnis

Anhang

Nutzungshinweise zur CD-ROM

Allgemeines

Die beigefügte CD-ROM enthält u. a. je eine Excel-Datei, mit der Sie sowohl dynamische Investitionsrechnungsverfahren als auch dynamische Stückkostenrechnungen durchführen können. Voraussetzung dafür ist, dass Sie über das Microsoft-Programm „Excel“ verfügen. Die Anforderungen an den Computer sind daher dieselben Anforderungen, wie sie für Excel gelten. Die aktuellen Investitionsrechnungsformulare wurden unter Excel (Windows XP) entwickelt.

Umfang

Grundsätzlich orientiert sich die dynamische Stückkostenkalkulation an der Annuitäten- bzw. Kapitalwertmethode. Ferner bauen die Investitionsrechnungen auf Einzelinvestitionen vor Ertragsteuern, mit endlichen Nutzungsdauern und basieren auf den in Literatur und Praxis bekannten dynamischen Investitionsrechnungsverfahren.

Mit der xls-Datei „Investitionsrechnung“ können Sie folgende Berechnungen durchführen:

a) Kapitalwertmethode
b) Annuitätenmethode
c) Interne Zinsfuß-Methode
d) Baldwin-Methode
e) Investitionsrechnung unter Berücksichtigung von Steuern
f) Investitionsrechnung unter Berücksichtigung von Preissteigerungen
g) Dreifach-Rechnung
h) Zielgrößen-Änderungsrechnung
i) Kritische Werte-Rechnung

j) Differenzinvestition
k) Nutzwertanalyse
l) Checkliste zur Projektbeschreibung
m) Investitionsprojekt-Kontrolle
n) Kapitalkostenberechnung nach CAPM/WACC
o) Erfassung der Zahlungsströme
p) Diverse Hilfsformulare etc.

Darüber hinaus sind noch weitere Dateien auf der mitgelieferten CD-ROM (Fact-Box, finanzmathematische Tabelle, Organisationsrichtlinie, Budgetblatt „Investitionen").

So arbeiten Sie mit der CD-ROM

Die Excel-Dateien müssen nicht gesondert installiert werden, sondern können direkt über das Programm aufgerufen werden. Auch können Sie die Dateien auf ein Verzeichnis Ihrer Wahl auf die Festplatte kopieren. Sollte beim Laden der Datei eine Meldung erscheinen, dass Zirkelbezüge vorliegen, so ist die Aktivierung des Feldes „Iteration" unter der Menüzeile „Extras" – Optionen – Berechnung – durch Setzen eines Häkchens erforderlich. Grundsätzlich reicht eine maximale Iterationszahl von 100 mit einer maximalen Änderung von 0,001 aus. Die *grün* gestrichelten Felder werden automatisch berechnet, können jedoch optional überschrieben werden.

Grundsätzlich sind in den *lila* umrahmten Feldern der Arbeitsblätter die eigenen Rechenangaben (Zahlenwerte) einzusetzen. Diese sind nicht durch die Excel-Funktion „Blattschutz" geschützt.

Trotz des Versuchs, einen möglichst hohen Standardisierungsgrad zu erreichen, kann für die Praxis niemals die gesamte Vielfalt abgebildet werden. Die einzelnen Arbeitsblätter sind daher bewusst nicht mit einem Code geschützt, sodass Sie jederzeit die Möglichkeit haben, individuelle Anpassungen vorzunehmen. Sie können z. B. neue Arbeitsblätter einfügen, neue Verknüpfungen erstellen, weitere Grafiken erstellen, Layout-Änderungen durchführen etc. Es wird jedoch auf die Gefahr hingewiesen, dass vor allem Änderungen bestehender Formeln zu anderen Rechenergebnissen führen können.

Die Berechnungen wurden sorgfältig und gewissenhaft erstellt und in der Praxis umfassend getestet. Sie werden im betrieblichen Alltag vom Autor laufend selbst verwendet. Dennoch wird keinerlei Gewähr über die vollständige Fehlerfreiheit, geschweige denn deren Rechenergebnisse und Investitionsentscheidungen übernommen.

Die xls-Dateien ermöglichen dem Anwender, entscheidungsrelevante Größen, ohne übermäßigen Rechenaufwand auswerten zu können. Die Entscheidungsträger können sich in kurzer Zeit ein Bild über die geplante Investition (bzw. dynamische Kalkulation) und deren Auswirkungen machen.

Liste der Formblätter und Arbeitshilfen

Beispielübersicht

Seite

Kostenvergleichsrechnung:

Gewinnvergleichsrechnung:

Rentabilitätsrechnung:

Kapitalwertmethode:

Abbildungsverzeichnis

Abkürzungsverzeichnis

AfA	Absetzung für Abnutzung
ähnl.	ähnlich
altern.	alternativ
AP	Arbeitspaket(e)
[redacted]	Abfallrecycling-Kosten
approx.	approximativ
Aufw.	Aufwand (Aufwendungen)
ausg.	ausgenommen
B + G	Betriebs- und Geschäftsausstattung
bzw.	beziehungsweise
CAPM	Capital Asset Pricing Model
DB	Deckungsbeitrag
DCF	Discounted Cash-Flow (Method)
div.	dividiert
DO	Dornbirn
dyn.	dynamische
EUR	EURO (Währung)
evtl.	eventuell(e)
EBIT	Earnings before Interest and Taxes
EDV	Elektronische Datenverarbeitung
FD	Frischdienst(e)
FIBU	Finanzbuchhaltung

FL	Fertigungslöhne
GE	Geldeinheit
Gew.	Gewinn
GL	Geschäftsleiter/Geschäftsleitung
GmbHG	GmbH-Gesetz
GWG	Geringwertige Wirtschaftsgüter
HGB	Handelsgesetzbuch
HW	1. Handelsware(n), 2. Hardware
i. d. R.	in der Regel
inkl.	inklusive
IT	Information Technology
J	Jahre
jährl.	jährlich
kalk.	kalkulatorisch
LE	Leistungseinheit
max.	maximal
MBO	Management by Objectives
Mind.	mindest
MS	Microsoft®
n.	nach
NPO	Non-Profit (nicht-gewinnorientierte) Organisation
PE	Produktentwicklungen
p. a.	per anno (pro Jahr)

Pj	Projekt
PSP	Projektstrukturplan
RBW	Restbuchwert
Rent.	Rentabilität
sog	so genannte
Sp	Spalte
SW	Software
u. a. m.	und andere mehr
var.	variabel
Verl	Verlust
Verz	Verzinsung
VJ	Vorjahr
VK	Verkauf(s)
v.St.	vor (Ertrag-)Steuern
WACC	Weighted average cost of capital
Z	Zeile bzw. Ziffer
zw.	zwischen

Symbolverzeichnis

>	größer
<	kleiner
*	multipliziert
/	dividert
% bzw. invH	in Prozenten
€	Währung in EURO (EUR)
a bzw. A	Auszahlungen
∑	Summe
Ø	Durchschnitt
A_o	Barwert der Auszahlungen
AbF	Abzinsungsfaktor
AK	Anschaffungskosten
AuF	Aufzinsungsfaktor
BA	Barwert der Ausgaben
BK	Betriebskosten
BW	Barwert
C_n	Horizontwert
C_o	Kapitalwert/Barwert
DJA	Ø jährliche Auszahlungen
DJE	Ø jährliche Einzahlungen
DJÜ	Ø jährlicher Überschuss
DSF	Diskontierungssummenfaktor

e bzw. E	Einzahlungen
EE	Endwert der Einnahmen
EK	Eigenkapital
E_o	Barwert der Einzahlungen
EWF	Endwertfaktor
FK	Fremdkapital
g	konstante Glieder einer Zahlungsreihe
G	Gewinn
i	Kalkulationszinssatz (Mindestzinssatz)
i_a	Baldwin-Kalkulationszins für Auszahlung
i_e	Baldwin-Kalkulationszins für Einzahlung
KD	Kapitaldienst
KWF	Kapitalwiedergewinnungsfaktor
M_o	Mengenbarwert
ND bzw. n	Nutzungsdauer
NE	Nettoeinzahlungen
p	Preissteigerungsrate
r	interner Zinsfuß
R bzw. RW	Restwerterlös
r_B	Baldwin-Zins
RVF	Restwertverteilungsfaktor
s	Steuersatz
T €	Währung in Tausend EURO (EUR)
t_{max}	max. Amortisationsdauer dynamisch

Formelübersicht

Kapitalwertfunktion:

$$C_o = E_o - A_o$$

$$C_o = (e - a) * DSF + R * AbF - A$$

$$C_o = (e - a) * \frac{(1+i)^n - 1}{i\,(1+i)^n} + R * (1+i)^{-n} - A$$

falls die jährlichen Zahlungen nicht konstant sind gilt:

$$C_o = (e_1 - a_1) * AbF_1 + (e_2 - a_2) * AbF_2 + \ldots (e_n - a_n + R) * AbF_n - A$$

bei unbegrenzter Laufzeit gilt: $1 / i = DSF$

$$C_o = (e - a) * \frac{1}{i} - A$$

Annuitätenfunktion:

$$DJÜ = DJE - DJA$$

$$DJÜ = C_o * KWF_n \dashrightarrow KWF = \frac{i\,(1+i)^n}{(1+i)^n - 1}$$

$$DJE = e + R * \frac{i}{(1+i)^n - 1} = e + R * RVF$$

$$DJA = a + A * \frac{i\,(1+i)^n}{(1+i)^n - 1} = a + A * KWF$$

Regula falsi:

$$r = i_1 - C_{o,1} * \frac{i_2 - i_1}{C_{o,2} - C_{o,1}}$$

Ewige Rente und restwertgleiche Anschaffungsauszahlung:

$$r = \frac{(e - a)}{A}$$

Fall: Restwert „0“:

$$r = \frac{A}{(e - a)} = \frac{(1 + r)^n - 1}{r\,(1 + r)^n}$$

Zweizahlungsfall:

$$r = \sqrt[n]{\frac{R}{A}} - 1 \quad \text{bzw. } r = (R/A)^{(1/n)} - 1$$

Baldwin-Methode:

$$rB = \sqrt[n]{\frac{EE}{BA}} - 1$$

Statische Investitionsmethoden

Kostenvergleichsrechnung	Kurzbeschreibung	Entscheidungskriterium	Nutzen und Grenzen
Grundsätzliches	Es werden die Kosten von zwei oder mehreren möglichen Investitionsmöglichkeiten gegenübergestellt.	Die Investitionsalternative mit den geringsten zurechenbaren Kosten ist die Vorteilhafteste.	Warum ist die Kostenvergleichsrechnung in der praktischen Anwendung beschränkt? Sie berücksichtigt die Ertragsseite nicht oder unterstellt eine identische Ertragserzielung der zu betrachtenden Investitionsalternativen. Völlig identische Erträge sind bei zwei oder mehreren zu vergleichenden Alternativen aber eher die Ausnahme. Üblich sind Erweiterungs-Investitionen, bei denen z.B. im Rahmen eines Ersatzproblems gleichzeitig die Kapazität erweitert wird. Sie zielt implizit auf einen einperiodischen Vergleich ab. Sie fußt auf unzweckmäßigen Rechnungselementen (Kosten statt Auszahlungen). Im Übrigen haften der Kostenvergleichsrechnung sämtliche Mängel an, wie den anderen statischen Verfahren. Die statischen Verfahren verzichten auf eine finanzmathematische Basis, d.h. sie erfassen die Zeitpräferenz nicht oder nur unvollständig. Mit anderen Worten, sie verzichten auf eine Einzeldiskontierung der Rechnungselemente.
Alternativenvergleich: Kostenvergleich pro Periode	Anwendbar, wenn sämtliche relevanten Investitionsalternativen dieselbe Ausbringungsmenge (Produktions-Output) und dieselbe Produktqualität hervorbringen.	Es ist diejenige Investitionsalternative zu wählen, bei der durch Vergleich der Kosten pro Periode, unter Annahme kontinuierlicher Amortisation des gebundenen Kapitals, weniger Kosten entstehen.	
Alternativenvergleich : Kostenvergleich pro Leistungseinheit	Wird dann angewendet, wenn die Ausbringungsmengen und / oder die Anschaffungskosten der Investitionsalternativen unterschiedlich sind.	Es ist jene Investitionsalternative zu wählen, bei der durch Vergleich der durchschnittlichen Kosten pro Leistungseinheit bei unterschiedlicher Auslastung - unter Annahme kontinuierlicher Amortisation des gebundenen Kapitals - geringere Kosten entstehen.	
Berechnung der kritischen Menge	Unter anderem hilfreich, wenn Ausbringungsmenge nicht exakt festgelegt werden kann. Oft zeigt sich in der Praxis, dass das teurere Investitionsobjekt zwar höhere Fixkosten, aber dafür niedrigere variable Kosten aufweist, während das günstigere Investitionsobjekt umgekehrt niedrigere Fixkosten und dafür höhere variable Kosten verursacht. Es stellt sich nun die Frage, welches Investitionsobjekt ab welcher Auslastung insgesamt kostengünstiger ist. Diese Auslastung wird als „kritische Menge“ bezeichnet.	Um die Investitionsentscheidung treffen zu können, muss man die geplante Ausbringungsmenge schätzen. Grundsätzlich wählt man jene Investitionsalternative, welche die niedrigeren Gesamtkosten für die geplante Ausbringungsmenge aufweist.	
Ersatzproblem	Berechnet, ob eine bestehende Anlage durch eine neue ersetzt werden soll oder ob es im Gegensatz dazu günstiger ist, die eingesetzte Anlage erst zu einem späteren Zeitpunkt auszuwechseln.	Die neue Anlage sollte dann angeschafft werden, wenn die Summe ihrer Betriebs- und Kapitalkosten kleiner ist als die Betriebskosten der zu ersetzenden Anlage	

Statische Investitionsmethoden

Gewinnvergleichsrechnung	**Kurzbeschreibung**	**Entscheidungskriterium**	**Nutzen und Grenzen**
Grundsätzliches	Berücksichtigt neben den Kosten auch die Erträge.	Es wird jenes Investitionsobjekt als vorteilhaft betrachtet, das die höchsten Gewinne pro Periode oder pro Leistungseinheit erwirtschaftet.	Die Gewinnvergleichsrechnung berücksichtigt neben den Kosten auch die Leistungen und damit eventuelle Ertragsänderungen von alternativen Investitionsprojekten. Sie eignet sich auch zur Erfassung von Erweiterungsinvestitionen und stellt damit quasi eine Erweiterung der Kostenvergleichsrechnung dar. Andererseits berücksichtigt die Gewinnvergleichsrechnung in keinem Maße die Zeitpräferenz (vgl. Dynamische Methoden) und sagt nichts über die Rentabilität des eingesetzten Kapitals aus. Außerdem ist es ein Schwachpunkt, dass keine Einzelschätzung der künftigen Zahlungsgrößen vorgenommen wird und dass „Kosten und Leistungen" anstelle von „Aus- und Einzahlungen" verwendet werden.
Einzelinvestition	Bei Einzelinvestitionen kann die absolute Vorteilhaftigkeit eines Investitionsobjekts errechnet werden.	Ist der durchschnittliche erwartete Gewinn pro Periode (in der Regel ein Jahr) eines Investitionsobjekts größer gleich null, so kann die Investition als vorteilhaft angesehen werden.	
Alternativen	Durch die Gegenüberstellung der durchschnittlichen Jahresgewinne zweier oder mehrerer Investitionsmöglichkeiten kann die Gewinnvergleichsrechnung auch zum Alternativenvergleich herangezogen werden.	Eine Alternative 1 ist vorteilhafter als eine Alternative 2, wenn der Gewinn von A1 größer ist als der Gewinn von A2.	
Ersatzproblem	Beantwortet die Frage nach „Weiterbetrieb oder Sofortersatz". Im Gegensatz zur Kostenvergleichsrechnung werden zusätzlich die Erlöse berücksichtigt.	Die gewinngünstigste Variante ergibt sich durch den Vergleich des durchschnittlichen Jahresgewinns **vor** Durchführung der Ersatzinvestition mit jenem Gewinn **nach** Durchführung der Ersatzinvestition. Wichtig: Der Kapitaldienst der Altanlage ist nicht entscheidungsrelevant.	
Rentabilitätsrechnung	**Kurzbeschreibung**	**Entscheidungskriterium**	**Nutzen und Grenzen**
Grundsätzliches	= Return-on-Investment-Methode, ROI Bei der Rentabilitätsrechnung wird der Gewinn pro Periode eines Investitionsvorhabens ins Verhältnis zum (durchschnittlich) gebundenen Kapital gesetzt.	Eine Investition ist dann vorteilhaft, wenn die ermittelte Rentabilität mindestens so hoch ist wie die vorher vom Investor festgesetzte Mindestrentabilität. Bei einem Alternativenvergleich ist jene Investition zu bevorzugen, welche die höchste Rentabilität aufweist.	Gibt Auskunft über die Verzinsung des eingesetzten Kapitals. Die Berechnung des durchschnittlich gebundenen Kapitals erfolgt i.d.R. nach folgender Formel: $\frac{\text{Anschaffungskosten plus Restwert}}{2}$ Die Annahme eines im Zeitablauf konstanten Gewinnes kann in der Praxis zu gravierenden Fehlentscheidungen führen.

Dynamische Investitionsmethoden

Methode	Kurzbeschreibung	Entscheidungskriterium	Funktion, Formel
Kapitalwertmethode	Die Kapitalwertmethode prüft die Vorteilhaftigkeit einer Investition über den Vergleich der Ein- und Auszahlungen eines Investitionsobjekts. Um die beiden Zahlungsströme vergleichbar zu machen, werden sie mit dem Kalkulationszinssatz (= der vom Investor geforderte Mindestzinssatz) auf den Zeitpunkt des Investitionsbeginns (= Zeitpunkt 0) abgezinst.	Eine Investition lohnt sich, wenn die barwertigen Einzahlungen ≥ der barwertigen Auszahlungen sind.	Kapitalwertfunktion: $C_o = E_o - A_o$ $C_o = (e-a) * DSF + R * AbF - A$ $C_o = (e-a) * \frac{(1+i)^n - 1}{i\,(1+i)^n} + R * (1+i)^{-n} - A$
Interne Zinsfußmethode	Unter dem internen Zinssatz versteht man jenen Zinssatz, bei dessen Anwendung der Kapitalwert einer Investition gleich null wird oder, was dasselbe besagt, bei dem die barwertigen Einzahlungen mit den barwertigen Auszahlungen übereinstimmen.	Die Investition wird als vorteilhaft angesehen, wenn der interne Zinssatz einer Investition mindestens so groß ist wie die Mindestverzinsungsanforderung, die der Investor an das Investitionsobjekt stellt. Es gilt: $r \geq i$	Die Regula-Falsi-Gleichung lautet: $r = i_1 - C_{0,1} * \frac{i_2 - i_1}{C_{0,2} - C_{0,1}}$
Annuitätenmethode	Alle mit einer Investition verbundenen Zahlungen können gleichmäßig auf die Nutzungsjahre verteilt werden. Das Beurteilungskriterium sind also die durchschnittlichen jährlichen Ein- und Auszahlungen. Dabei müssen auch die Anschaffungsauszahlung sowie der Restwert unter Berücksichtigung von Zins und Zinseszins auf die Nutzungsdauer verteilt werden. Somit haben wir es hier mit einem Verrentungsproblem – der Umrechnung einer einmaligen Zahlung in eine Reihe gleicher Zahlungen – zu tun.	Annuitätenkriterium: Eine Investition lohnt sich, wenn deren durchschnittliche jährliche Einzahlungen (DJE) ≥ durchschnittliche jährliche Auszahlungen (DJA) sind.	Die Annuitätenfunktion lautet: $DJÜ = DJE - DJA$ $DJÜ = C_o * KWF_n \rightarrow KWF = \frac{i\,(1+i)^n}{(1+i)^n - 1}$ $DJE = e + R * \frac{i}{(1+i)^n - 1} = e + R * RVF$ $DJA = a + A * \frac{i\,(1+i)^n}{(1+i)^n - 1} = a + A * KWF$
Baldwin-Methode	Die Baldwin-Methode versucht das Problem der sog. Wiederveranlagungsprämisse dadurch zu umgehen, indem reale Zinssätze zur Anwendung gelangen.	Die Investition wird als vorteilhaft angesehen, wenn der interne Zinssatz einer Investition mindestens so groß ist wie die Mindestverzinsungsanforderung, die der Investor an das Investitionsobjekt stellt. Es gilt: $r_B \geq i$	Die Effektivverzinsung einer Investition nach der Baldwin-Methode errechnet sich aus der n-ten Wurzel aus dem Endwert der Einzahlungen, dividiert durch den Barwert der Auszahlungen, abzüglich 1.